厚道

精装典藏版

人格的力量

承之 编著

时事出版社
北京

图书在版编目（CIP）数据

厚道：人格的力量 / 承之编著 .—北京：时事出版社，2021.2（2023.8 重印）

ISBN 978-7-5195-0407-6

Ⅰ.①厚… Ⅱ.①承… Ⅲ.①人生哲学－通俗读物 Ⅳ.① B821-49

中国版本图书馆 CIP 数据核字（2021）第 003179 号

出版发行：时事出版社
地　　址：北京市海淀区彰化路 138 号西荣阁 B 座 G2 层
邮　　编：100097
发行热线：（010）88869831　88869832
传　　真：（010）88869875
电子邮箱：shishichubanshe@sina.com
网　　址：www.shishishe.com
印　　刷：大厂回族自治县德诚印务有限公司

开本：880×1230　1/32　印张：8　字数：140 千字
2021 年 2 月第 1 版　2023 年 8 月第 3 次印刷
定价：48.00 元

前言

厚道，简单的两个字却蕴含了深刻的做人道理。

何为厚道？厚道即是以真待事、以诚待人，将正直、宽厚作为自己为人处世的准则。厚道之德，自古有之。老子曾说：“君子以厚德载物。”一个人唯有拥有深厚的德行，才能承载万物、成人成事，厚道就是重要的品德之一。然而，时至今日，厚道却被有些人讥讽为过时的品德，并与“无能”“蠢笨”等贬义词画上等号，这其实是对厚道的极大曲解。

厚道做人，要求我们待人宽厚不刻薄；厚道做事，要求我们做事诚信不欺瞒。一个待人宽厚的人，具有同理共情的高情商，能够站在他人的角度、为他人切实考虑，因而能够获得更多人的好感；一个做事诚信的人，不为一时之利精于算计、不为小得小失斤斤计较，因而能够得到更多人的信任。

厚道不是外在的要求，更多源自对自我原则与底线的坚守。一个厚道的人并非没有欲望，但是他们懂得在诱惑、利益面前守住自己的心；一个厚道的人也并非不知凡事都有捷径可走，但是他们对自己有更高的要求，约束自己不做错误的事；一个厚道的人也并非没有愤怒等负面情绪，但是他们能够宽容忍让，这并非因为他们怯懦，而是因为他们内心强大到愿意去成全。

大地若不厚道，就无法承载山川海岳；一个人若不厚道，就得不到道义与友情。真正有大智慧的人，从不是精明的人，而是厚道的人。精明算计可获一时之利，而厚道处世才能得一世之功。本书围绕“厚道”这一品德，指给你为人养德的至真道理。

目录

第三章　厚道是姿态谦逊

第四章　厚道是共情同理

第五章　厚道是口下有德

第八章 厚道是自清自省

第九章 厚道是敢于承担

第十章 厚道是不怕吃亏

第一章 厚道是诚信为人

人无信不立。诚信是做人的根本，一个人唯有拥有诚信的美德，才能获得他人的信任、赢得机遇的青睐。厚道的人最重诚信，因为他们知道，诚信才是一个人行走于世间独一无二的通行证。

|001| 诚实是做人的根本

为人处世，最重要的就是诚实，不能为一点儿小利就做出撒谎和欺骗的行为。我们应当做诚实的人，让诚实化为一股促进自己前进的力量。

做人基本的品质是诚实，它是人们在交往过程中相互信赖的基石。在生活中，我们都喜欢和诚实的人为伴，因为和诚实的人在一起会心生一种安全感，不会心有疑虑、处处设防。所以，诚实的品质非常难得，也非常珍贵。

从前，有一位老国王十分宽厚仁慈。由于没有子嗣，加上身体一天不如一天，他思来想去，终于下定决心要在国内找一名诚实的孩子做自己的接班人。

告示贴出后，很多家长带着孩子拥进王宫。老国王看着笑脸如花的孩子们，拿出许多花籽发给他们，说：“谁能用这些种子培育出漂亮的花儿，我就让他做我的继承人。”

孩子们看着手里的花籽非常高兴，回到家后，他们在大人的帮助下播种、浇水、施肥、松土，不分昼夜地照看。在这些孩子中有一个名叫杰克的孩子，他整日用心地培育花种，然而，10天过去了，花盆里的种子始终没有发芽的迹象。他十分纳闷儿，便问母亲为什么种子迟迟没有发芽，母亲回答说："我也不清楚，你将花土换一下试试。"杰克照着做了，可是，花种始终没有吐出他希望看到的嫩芽。

时间过得很快，国王规定的献花的日子到了，别的孩子都手捧一盆盆鲜花进入王宫，只有杰克捧着空空如也的花盆站在宫门旁低头哭泣。

这时，国王出来了，他看着一盆盆绽放的鲜花，脸上的表情变得越来越严肃。突然，国王的眼睛一亮，径直走到杰克身边，问他花盆为什么是空的。杰克以为国王觉得他笨，于是哭得更厉害了。然而，国王却面带微笑，没有一丝责备，拍了拍他的肩膀，又问了一遍。杰克边哭边说自己是怎样精心培育花种，种子却始终都没能发芽、开花的经过。

国王听完后，高兴地一把抱起他，说："我的孩子，你正是我要找的继承人。实际上，我给你们的种子都是煮过的，根本无法发芽开花，你是所有孩子中最诚实的人！"

故事里的杰克之所以会在众多孩子中被国王选中，就是因为他做人诚实，而那些没有被选中，甚至国王看都不看一眼的孩子，其缺少的正是诚实的品德。

自始至终，诚实都是一个人身上的闪光点。人们看到这样的闪光点出现，便会不由自主地心生钦佩。厚道的人看重诚实，从来不会耍心眼、玩弄无中生有的伎俩。正是由于他们恪守诚实，别人才会对他们产生信任，从而让他们得到更多的机会。

一家跨国企业举办了一场招聘会，职位只有一个——销售主管。经过几轮初步的筛选后，剩下了3名应聘者。这3个人中，有一个名叫约翰的人最后一个走进了主面试官的办公室。

他刚进来，主面试官就上上下下打量了他一番，然后眼睛一亮，一脸惊喜地跑过来抓住他的手，亲切地拥抱了他，然后激动地说："先生，我可找到你了！"接着，面试官转头对女秘书说："他就是上周在公园的湖里救了我女儿的年轻人。那个时候，他不留姓名就走了，可巧今天再次碰到了他。"

约翰一脸茫然，心想，面试官肯定认错人了，如果将错就错，我或许就能得到这份工作。不过，约翰很快就否定了这个念头。他马上镇定了下来，对着还处于激动中的经理说："先生，我不是您要找的人，您认错人了。”

“我认错了？绝对不会，我清楚地记得那个年轻人的脸上有与你脸上一模一样的痣。”

“先生，您认错了，上周我都没有去过那个公园。”

3天后，约翰来公司任职的时候，问经理的秘书：“对了，主面试官找到他女儿的救命恩人了吗？”秘书听后哈哈大笑起来：“哪有什么救命恩人，主面试官只有一个儿子。”

假如约翰以主面试官女儿的救命恩人自居，那么他还会被录用吗？答案自然是否定的。约翰正是凭借自己的诚实赢得了理想的工作。

诚实是做人的基础，也是一个人走向成功的资本。在日常生活中，尽管你会因为讲实话而失去一些东西，可是在人生的长河中，这些因诚实而失去的东西会成为一种具有价值的投资，在未来的某天给予你丰厚的回报。

|002| 做不到的事，不要轻易许诺

对于做不到的事，千万不能随意承诺，一旦对他人许了诺，就要尽力做好。只有这样，你才能广结善缘，才能赢得他人的信任和回报。

生活中，许多人都做过空洞的承诺，这些承诺带给他们的并不是想象中的优势，更多的是鄙夷和失望。言而无信，看似过失很小，但其实是非常危险的行为。假如一个人不信守承诺，那么长此以往，还有谁会相信他呢？

厚道的人是不会为了虚荣而夸下海口的，他们会清楚地估量自己的能力，有多大本事就做多大的事，能帮助别人就尽量帮，能力之外的就不会随意应承。这不是不知变通，而是对他人、对自己负责。

西周时期，周武王过世，周成王继位。由于周成王年纪尚小，就由他的叔父周公旦摄政。周公旦充分发挥其聪明才干，

根据周王朝的实际情况制定出一套典章，将周朝治理得国泰民安。

这天，周成王闲来无事，就与弟弟叔虞在宫内的一棵梧桐树下玩耍。正当他们玩得起劲时，一阵秋风吹来，梧桐树上的叶子纷纷落下。

周成王顺手捡起一片叶子，他一时兴起，就用小刀将其切成一个玉圭（这个玉圭在当时是分封诸侯的符信形状），随手把它送给了叔虞，并开玩笑地说："弟弟，我要封你一块土地，这个先给你。"叔虞接过周成王用梧桐叶做成的"圭"，兴奋地拿着它跑到叔父周公旦那里，向他告知了此事。

周公旦听了叔虞的话，立即换上礼服，跑到宫中向周成王道贺。周成王见叔父向自己道贺，不明所以，便问其缘由。

周公旦面带微笑，对周成王解释道："皇上，刚刚我听说你已经册封了你的弟弟叔虞。这是件非常好的事，我怎么能不赶来道贺呢？"

周成王恍然大悟，这才想了起来，不禁哈哈大笑地说："那只是我与叔虞的玩笑，并非是真的要册封他。"

孰料，成王的话音刚落，周公旦立即收起笑容，严肃道："世间不管是谁，都要以'信'为本，说话也要以'信'为重。作为天子的你，说话更不可以随便，不能随意玩笑。如若不然，怎么能让天下的百姓信赖你呢？如此，你还有资格做他们的天子吗？”

周成王听了周公旦的一番话后深感惭愧，于是迅速下诏，将唐地册封给叔虞。

这个故事就是历史上著名的“桐叶封弟”。

有的人会认为周公旦小题大做，把孩童之间的玩笑话上升为君王之道。然而，君无戏言，君在其位，其一言一行都必彰显其德。周公旦如此做，正是为了不让周成王落下不守承诺的口实，以树立其天子的威信。如此，才能有稳定的国本。

信守诺言，于君于民同等重要。它既是一种高尚的品质，也体现了对人的尊敬与对己的尊重。轻易做出承诺，或者承诺言过其实，都是我们要注意杜绝的。

公元前408年，魏国与中山国开战。魏文侯拜乐羊为大将，领兵五万攻打中山国。

当时，乐羊将军的儿子乐舒在中山国为官，中山国因国力衰微，无法抗击魏国，于是国君就利用乐羊与乐舒的父子关系，一再让乐舒请求宽限攻城的时间，并说到时一定会答应魏国提出的条件。乐羊为了减少中山国百姓的灾难，数次答应乐舒的请求，并让其转告中山国国君，尽早兑现承诺。

如此，几个月过去了，中山国国君始终没有兑现承诺，而乐羊也没有发兵攻城。这个时候，魏文侯派人来责问乐羊为什么这么长时间还没有攻城。

乐羊回答：“我之所以再三拖延，并非是顾及父子之情，而是为了取得中山国民心，让百姓看清他们的国君是一个怎样失信于人的人。”

最后，乐羊见时机成熟，发兵攻城。失去百姓支持的中山国国君，一战即败。

为达到目的而去轻诺别人，却不如约履行，是极易失去他人的信任的。这比最初不允诺造成的伤害与损失更大。中山国国君数次违背当初说的话，因没能信守承诺而导致民心尽失，于是城门很快被攻破。反观我们自身，倘若我们像他一样，轻易许诺而不守诺，那么也会渐渐失去周围人的支持，变得孤立无援。

要记住，一定要信守诺言，不要去做力所不及的事情。只有不轻易许诺，才能逐渐建立起你诚信的形象，获得周围人的支持。

|003| 信用是无形的力量，更是无形的财富

在竞争日益激烈的今天，信用是最好的竞争资本。企业要想在商业之战中立于不败之地，就必须坚持诚信的经营之道。

人活一世，信用二字很重要。

无论我们面对的是家庭还是职场，也无论我们是务农还是经商，信用二字都不能够被抛诸脑后，因为讲信用不仅是一种责任，更是为人处世的根本。一个人只有拥有了信用，才能够被他人信任；一个人也只有讲信用，才能够问心无愧地拥有自己的一片天地。

厚道之人讲求信用，他们懂得信用是一种力量，因而会更加珍惜。正如罗斯福说的："做一个有信义的人胜似做一个有名气的人。"或许有一天，你会失去所有的地位、金钱和权力，但是你的信用就像是无形的财富，不会被时间洗刷掉。

一位绅士在回家的时候被一个穿着破烂的小孩拦住了去路。

小男孩冲着他说:“先生，您买包火柴好吗?”

“家里还有很多呢，不买!”绅士干脆地说完，继续朝前走。

“先生，您还是买一包吧，我一天都没吃过东西了。”小男孩又追了上来。

绅士见躲不开他，只好说:“可是，我身上没带零钱。”

“先生，那这样，您先把火柴拿着，我这就给您换零钱去。”说完，男孩就拿着绅士递过来的一个英镑跑走了。绅士站在那里，看着手中的火柴，又望着小男孩跑远的背影，心想:“他会不会是骗子?如果他不回来，我上哪儿去找他呀!”果然，绅士等了很久，小男孩始终没有回来，无奈之下，绅士只得回家了。

次日，绅士正坐在办公室写文件，下属过来说有个小男孩找他。不一会儿，办公室的门被推开了，来者是一个小男孩，比昨天卖火柴的那个小男孩个子稍矮、穿着更破烂。

这个男孩怯怯地看了一眼绅士，然后低声说:“先生，真是对不起，我哥哥让我将您买火柴剩下的钱送来。”

“哦，你哥哥怎么不来呢?”绅士问。

“哥哥换完零钱，在回来找您的路上不小心被车撞了，现在正躺在家里的床上呢。”

后来，绅士跟着弟弟到了他们的家，绅士看着生活窘迫却依旧愿意诚信为人的小男孩，非常感动，决定资助他们，兄弟俩的生活自此有了保障。

绅士的做法为这个故事画上了圆满的句号，而卖火柴的小男孩给予了我们有益的启示：一个人是否拥有信用，与贫富无关，它是一种选择。有的人会为自己背信弃义的行为找到困窘的借口，其实不过是不愿意受苦，做出了另一种选择罢了。

日本“经营之神”松下幸之助曾经说过一句话：“信用不但是无形的力量，还是无形的财富。”无独有偶，红顶商人胡雪岩也曾说过类似的话：“做人无非就是讲究一个信义。”古往今来，信用都是生财之本，经商之人不仅要将诚信挂在嘴边，更要付诸实际行动。只有以信用做人、用信用经商，才能获得顾客的认可，生意才能发展壮大。

13岁的胡雪岩一日在野外放牛，在路过一座凉亭时，忽然看到一个蓝布小包。因为好奇，他便将它打开，只见里面有一些银票及现银。然而，穷困的胡雪岩并没有把这些钱财拿回家，而是坐在亭内等待失主来找。

可是，一直到太阳下山，还是没有等到来人，正当他准备将钱财拿回家，明日继续来此等候时，有一个人急匆匆地跑了过来。经过确认，这个人是一位米商，蓝布小包正是他的。米商看到胡雪岩如此讲信义，感动之下就将其带到了杭州。从此，胡雪岩迈入了经商之路。

后来，胡雪岩生意做大。一天，一个名叫罗尚德的军官在上战场前把钱存进了阜康钱庄，可是他坚决不要阜康钱庄出具的存折。他说自己相信阜康的信用，何况现在就要打仗了，能不能活下去还是一回事，如果自己活不了，要存折也没有意义。

但是，胡雪岩仍然要给他开具存折，就算存折要交与第三方阜康的“档手”刘庆生保管，存钱的手续也不可以忽略。对此，胡雪岩说了这样一句话：“做生意要讲究信义，客户将钱存入我们的钱庄，我们必须开出存折，这是阜康的规矩。”

胡雪岩曾说过：“为人不可贪，为商不可奸，经商重信义，无德不从商。”从他的身上，人们可以看到什么是信义，而这正是我们立世、处世、赢世的根本。

人都有自己的梦想，都想出人头地，成就一番轰轰烈烈的伟业，可是，有的人在追求梦想的时候，为了眼前的利益、名望，将信用看得很淡，甚者背信弃义。这样的人可能取得一时的成功，但一定无法获得长久的胜利。

在我们人生的道路上，多数的失败都可以进行补救，唯有失去信用的后果是很难弥补的。透支自己的信用，最终吃亏的只会是自己。如果你不想品尝这一苦果，那么唯有从这一刻开始播下信用的种子，才能为将来赢得一片璀璨的天空。

|004| 别因为“刀尖上的蜜”而失信

我们在面对诱惑的时候，唯有做到不为心动、以信待之，才能保住自己的尊严。

一个人面对利益的态度，反映了他是否具备厚道的品德。古语有云：“君子爱财，取之有道。”对于钱财，是你的就是你的；不是你的，如果强行取之，必然会给日后埋下祸根。诚然，在现实社会里，金钱很重要，可是也有比金钱还重要的东西，那就是“信”。如果一个人为了蝇头小利而失信于人，这个人难有大作为。

2007年10月10日，对于全国的彩民来说是一个令人难忘的夜晚。

双色球开奖后，头奖出现井喷，单期开出23注一等奖，其中黑龙江省一位彩民独中了15注，再加上别的奖项，这个幸运儿一共可以得到6500多万元奖金，创下了内地彩票奖金的最高纪录。

这个中奖的人是谁呢？记者们开始四处寻找。原来，中奖的人是一位老板，可是在他中奖的背后却还有一个令人啧啧赞叹的故事。

这个老板喜欢买彩票，可是因为有事，他将购买彩票的钱给了一位员工，让他替自己买些彩票。员工按照老板的吩咐买了彩票。晚上电视台开奖，员工看着摇号池不断蹦出的数字，不敢相信自己的眼睛，没错，手里的彩票的确中了大奖，而且还是15注一等奖。

这个员工没有丝毫犹豫，第一时间把中奖的情况报告给了老板，并将彩票如数归还，没有说出任何要报酬的要求。记者了解到，该员工一个月的工资只有800元，和妻子、孩子一同住在哈尔滨，生活并不富裕。因为这件事，市民们将“史上最诚信员工”的殊荣给了该员工。

对于生活条件艰苦的人来说，巨额的奖金预示着人生将会迎来重大的转折。巨奖就像是一面魔镜，照出一个人的善恶美丑，也照出一个人的诚实信义。人心越浮躁的时候，我们越要坚持以诚信为本，在金钱诱惑面前不低首。只有这样，我们才能更好地立足于世。

南宋时期，有一个名叫黄裳的秀才。

有一天，他的父亲让他去城中办一些事。晚上，黄裳住在了一家小客店里。因为走了一天的路，黄裳疲惫不堪，准备洗漱一下就睡觉。正当黄裳往床上躺时，腰部忽然被一个硬硬的东西给硌了一下，黄裳将席子掀开，发现有一个布袋子。他解开布袋口的绳子后，随意将布袋子往床上一扔，只听“噼里啪啦”一阵响声，原来布袋里装了上百颗珍珠。

黄裳赶快将床上的珍珠捡起来放入布袋，他担心还有一些遗落在地上，于是在房间里细细地搜寻了一番。直到确定地上没有遗落的珍珠，才将布袋口重新扎好放在枕头边。

黄裳重新躺上床，可是怎么也睡不着。他想，我快20岁了，从没有见过如此多的珍珠，要是将这些珍珠卖掉，得卖多少钱呀！可是，我究竟该如何处置这些珍珠呢？

黄裳的内心在作斗争，临睡前，他决定将这些珍珠还给它的主人。次日醒来，黄裳收拾好东西准备去办事，临走的时候，他告诉店主：“假如有人来找珍珠，那么就让他到城里来找我。”说完后，他把自己在城里办事的地址写在一张纸上。

黄裳进城后没几天，就有人过来找他，说自己正是丢失珍珠的人，黄裳回答说：“没错，我的确在店里捡了珍珠，但是你说珍珠是你的，可有证据吗？这样吧，我们去一个地方对证一下，以防珍珠被他人冒领。”

于是，黄裳和这个人一同来到了官府。丢失珍珠的人说出了珍珠的品质和数量，官员打开布袋后亲自数了一遍珍珠，接着又找来珠宝店的老板当场验证，果然一切都与这个人说的吻合，于是当堂将装有珍珠的袋子还给了失主。

失主很是感激，当场就要送黄裳几颗珍珠，黄裳笑了笑说：“谢谢你的好意，如果我想要珍珠的话，那么我们肯定不会在这里；既然将珍珠还给了你，那么我一颗也不会收的。”

面对诱惑的时候，还有比财富更贵重的东西，那就是诚信。假如一个人丧失了诚信，那么他绝不会有拾金不昧之举。我们常说诚信是做人的根本，在为人处世时，唯有做到守信，才能拒绝利益的诱惑，才能得到他人的真心对待，也才能获得事业上的成功。

|005| 你的职场信用额度，决定职业高度

在职场中，我们要为自己所做的一切负责，切不能因为一时的失信而让自己深陷违背信用的泥淖。

在职场中，想要谋求一份好的工作，获得好的前途，信用是基础。纵观职场中的成功人士，他们无不将信用视为自己必须爱护的羽毛。然而，总有一些看似“聪明”的人，靠作假和小聪明来换取一时之利。殊不知，这一时之利早已成为日后的一颗炸弹，随时都可能被引爆。

小王是一家教育培训机构的老师，已工作两年，因为厌烦公司的种种制度，想换一家单位。因为他有研究生学历，并且也有工作经验，因此很快就被某教委直属教学研究部门聘用，薪资不错，两个月后上班，小王高兴地签下了聘约。

在这两个月的时间里，小王来到北京游玩，顺便到几所大学询问招聘教师的情况。非常凑巧，北京正有一所大学需要

小王这种专业的研究生，且待遇更为优厚。经过一番权衡比较后，小王动了毁约的心思。第二天，小王给那家教学研究部门打电话，说自己不想干了，并以尚未任职为由，拒绝承担违约损失，那家教学研究部门同意了。

然而，正当小王高兴地到北京这所大学签约时，大学的人事领导对小王说学校不能录用他了。小王急了，就问原因。原来，那家教学研究部门将小王的签约情况输进了档案，学校通过联网查看小王档案，发现了他的毁约行为。人事领导表明，小王在那边刚签了约就毁约，学校不会录用随意毁约的人。

这个时候，小王才感到了后悔，然而这又能怪谁呢？只能怨自己太重待遇，随便毁约，忽视了信用，以致尝到了这样的苦果。

为寻求更好的待遇，有些求职者会先随便签一份工作协议，以求保底，然后再不停地挑选最佳职位。对于这种情况，虽然很多用人单位表示理解，但是也有用人单位认为，这是不讲诚信的行为。也许求职者通过毁约可以得到一份还算不错的工作，但是对于自己今后的职业生涯而言，这无疑是不明智的选择。

艾伦的工作是房地产销售。有一天，艾伦带买主去看一所房子，这所房子的主人曾经私下里告诉艾伦，这栋房子别的地方都还不错，就是排污管道有些老旧，需要重新翻修。

想买房的是一对结婚不久的年轻夫妇，他们没有多少钱，所以想买不用翻修的房子。艾伦带他们看完房子以后，他们觉得很满意，打算当即购买。然而，就在这个时候，艾伦告诉了他们实话，说房子的排污管道有些问题，需要翻修，大概要花费 1 万美元。艾伦知道说实话的后果，可是他不想欺骗客户。

最终，知道真相后的年轻夫妇还是跟艾伦签了约，因为他们相信说真话的中介。

小的时候，艾伦的父亲总是对他说："你与别人握手，就等于签订了一个合同。你说过的话一定要算数，假如你想在职场上有所建树，就一定要与他人公平交易。"因此，艾伦从小到大总是将诚信放在第一位，一直相信诚实做人比赚取钱财重要得多。虽然他也想将那所房子卖掉，可是他不能为此而丧失自己的人格价值。就算被辞退，他仍然相信自己的做人准则——任何时候都要讲真话。

诚实守信的人首先会给他人一种光明磊落、有责任心以及稳重的印象。在职场中，这种稳定的印象就像一张优质的名片，帮助你结识更多的人，累积更多良好的口碑，获得更多人的青睐与选择。只要你手握“信用”这张名片，以诚待人，就可以给自己赢得美好的未来。

第二章

厚道是盛德若愚

厚道的人不求小聪明，渴望大智慧。一个真正智慧的人，不管他天生聪明还是愚痴，都会适时、适度地保留一点“痴心”。他们不怕吃亏，不去计较，着意去做一些看似很笨的事。因为他们明白，最终成就自己的往往正是这些看上去不聪明的事。

|001| 真正的成功不靠投机取巧

在利益的驱使下，有的人会选择投机取巧，有的人会选择脚踏实地。前者的铤而走险为自己的未来埋下了祸根，后者的朴实努力则为自己的未来奠定了福报。

现实生活中，有些人想要获得，却不想付出，于是铤而走险、不择手段，不管三七二十一，只要能达成目标就算成功。殊不知，这样做往往会让事情的性质发生改变，本来是很好的事情却造成了非常坏的后果。为了一时的便利而投机取巧，只会为自己未来的发展埋下隐患。眼光长远的人都知道，投机取巧的做法百害而无一利。

春秋战国不仅是战争频发的时期，也是商人暴富的年代，范蠡、计然等都是其中典例。越国有一个名叫虞孚的人眼红不已，于是，他找到了计然，向他求教致富的方法。计然告诉虞孚："现在种漆树非常赚钱，你可以先种一些漆树，等到漆树长成之后，就可以采漆卖钱。”之后，虞孚又向计然咨询了种植漆树和护理漆树的方法，计然有问必答，耐心指点。

三年后，漆树长成。其时，虞孚妻子的兄长来看他们，看到这些漆树就说：“我经常到吴国经商，知道在吴国怎么卖漆。如果方法得当，就能赚到更多的钱。”

虞孚赶忙请教。他妻子的兄长接着说：“在吴国，漆非常畅销，我看到很多卖漆的人为了获得暴利，都煮漆树叶，吴国人很笨，把煮出来的漆叶膏和漆混在一起按纯漆的价钱卖，他们绝对发现不了。”虞孚听后内心狂喜，就按兄长的方法做了，并且将漆运到了吴国。

吴国人听说虞孚来卖漆，都非常高兴，以宾客的礼节接待了他。双方验完货，吴国人看到他的漆都是上等货色，非常满意。双方讲好价钱，贴好封条，约定明天一手交钱，一手交货。

吴国人刚一离开，虞孚就打开封条，把漆叶膏倒了进去，由于做得匆忙，虞孚不小心在坛子口附近留下了一些痕迹。第二天，吴国人如约来取货，发现封条有动过的痕迹，就知道虞孚做了手脚，于是就找了个借口，说过几天再来交易。

虞孚在自己的住所等了半天，也不见吴国人过来。时间一久，漆都变质了。最后，虞孚的漆一点都没有卖出去，三年的努力付之东流。他去吴国人那里讨说法，吴国人责备他说："商人做生意最重要的就是讲诚信，而你却是明里一套、背地一套，谁还会信你？"

虞孚最后一贫如洗甚至连回到越国的钱也没有，只能在吴国乞讨为生。最后，虞孚因为穷困潦倒而客死异乡。

虞孚原本可以依靠漆料赚到大钱，但是，他贪心不足、投机取巧，好端端的一桩买卖就这样付诸东流，最后还落得个客死异乡的下场。

在现实生活中，我们常常会看到这样为了贪小便宜而吃了大亏的人，他们虽不会像虞孚一样赔钱丧命，但结果也未必更好。通过投机取巧成功了，一方面，这只能有一时之效，时间一长，别人就会因为发现他们的本性而远离他们，不再与之相交；另一方面，人会随之产生惰性，他们会想：既然这么容易就能把事情做成，为什么要大费周章、按部就班地做呢？结果，渐渐丧失奋斗下去的动力，变得碌碌无为。所以，一些人在投机取巧之后以为自己得到了利益，其实他们已经失去更珍贵的东西。

马上又要到冬天了，大雁们开始了南飞的行程。有一只聪明的大雁觉得飞行很辛苦，于是便悄悄飞进了飞机，不到几个小时的工夫，它就到了南方，而其他的伙伴们半个多月后才赶到。第二年的春天，大雁们又要飞回北方，这一次，聪明的大雁又像上次一样，乘着飞机很快地回到了北方。两年后，这个聪明的大雁成了伙伴们学习的“榜样”。

到了第三年，很多大雁都飞向了机场，机场随即采取了严密的防护措施，它们无法进入飞机，无奈大家只能再靠自己飞到南方去了，而那只聪明的大雁并没有随大家一起走，它留在了机场，坚信自己能想到办法坐上飞机，但是20多天过去了，它依然没有成功。

天越来越冷了，它心想：再不去南方就会被冻死的，没有办法，它只能自己飞到南方去了。但在飞行的过程中，它感觉自己的翅膀越来越重。最后，寒流袭来，这只聪明的大雁身体被渐渐冻僵，从高空摔了下来。

古罗马有两座圣殿：一座是勤奋的圣殿，另一座则是荣誉的圣殿，只有通过勤奋的圣殿才能到达荣誉的圣殿。有些人想要绕过勤奋的圣殿，最后的结果只能是被荣誉的圣殿拒之门外。厚道的人深谙此理，所以，他们选择实干，选择付出勤奋和努力，不会为成功走捷径。

很多时候，甜蜜的背后是苦涩，你不要被炮弹外面那一层糖衣所蒙蔽，没有不劳而获的成功，更没有天上掉馅饼的好事，只有锲而不舍地努力才是通往成功的康庄大道。

|002| 贪多求快，往往适得其反

贪多求快，免不了要经历爬得越高、摔得越重的惨剧。“一口吃成个胖子”是不现实的，我们应该一步一个脚印地踏实前行。

每个人都希望自己能够早点学业有成，早点功成名就。为了实现这一理想，我们加快奋斗的脚步，以致我们常常在自己或他人身上发现这样的现象：之前的任务还没实施完毕，就开始匆忙执行下面的计划；今天的事还有待处理，就急着考虑明天、后天的事该怎么做；本职工作还没做得圆满，就琢磨着怎么挣外快……这正是人们“贪多求快”心理的直接反映。因为贪多求快，我们往往会做一些力所不能及的事，所以结果总是适得其反。

房浩斌是一家培训公司的讲师。当年房浩斌上小学的时候，教他的是一位30多岁的男老师。为了补贴学校里的困难

生，老师跟师母两个人将学校后山的自留地开垦出来，种了一些果树。到了果子成熟的时候，房浩斌就和村里的同学一起去帮老师摘果子，大家在一起，边聊天边劳动，往往不到半晌的工夫就摘满了好几筐。

有一年秋天，正是苹果收获的大好季节，房浩斌跟几个同学照例去帮老师摘果子，收苹果的贩子等得有些不耐烦，于是便提议说："大家现在比赛摘果子，看看谁能摘最多。"这个提议全票通过。接下来，老师给他们每人一棵树的任务，谁先将自己那棵树的果子摘完，谁就赢得最后的胜利，赢的人可以得到3个苹果的奖励。

一声令下，大家都在自己"承包"的那棵果树上迅速地忙活起来。刚开始的时候，大家的速度都差不多，但是随着树低处果子的减少，房浩斌这才发现自己的劣势，因为自己长得比别的同学矮，所以他无法像他们一样轻松地摘取稍微高一点儿的果子，眼看着其他伙伴已经明显地超过了自己，房浩斌突然灵机一动，像猴子一样攀到了树上，一会儿的时间，他就迎头赶了上去。

看着自己已经快要装满的筐子，房浩斌暗自高兴："哈哈，我就要成为冠军了。"就在这个时候，突然"咔嚓"一声，树枝断裂，而房浩斌也被重重地摔在了地上，所幸地上没有什么磕磕绊绊的东西，所以房浩斌也没有伤到哪里。老师和同学们赶紧把房浩斌从地上扶起来，固执的房浩斌刚站起来就要再次爬到树上去。

但是老师无论如何都不让房浩斌再爬了，孩子们都围在一起，老师看着小脸涨得通红的房浩斌，拍着他的肩膀说:“有些果子不用你们去摘，到时候我可以搬个梯子来，大家只要摘够得着的那些就行了。”

后来，房浩斌考上了大学，再后来，他成为了讲师。他经常跟他的学生们说起这段经历。他说:“直到很多年之后，我才慢慢领悟老师那句话的意思：很多理想、抱负其实是我们现阶段摘不到的‘高处的果子’。有理想、有目标固然是一件很美的事情，但是不能好高骛远，想要一步登天，摘到最高处的果子，往往会让你摔得很惨。不妨先摘完那些你能够摘得着的‘果子’，如此生活才不会让你频频失望。”

在生活和工作中，许多人就像故事中的房浩斌一样，易犯“贪多求快”的错误。在这些人看来，世界是一个运转速度越来越快的庞大机器，一旦自己跟不上它的运转速度，就会白白丧失很多机会，甚至遭到淘汰。为此，他们还没有看清事物的全貌，没有做过细致地分析，就慌忙决定、仓促执行，结果往往中途就栽了跟头。

实际上，速度并不代表效率。有的人做事稳扎稳打，一步一个脚印；有的人做事贪多求快，恨不得一口吃成个胖子。起初，前者可能脚步慢一些，收获也比后者少一些，但由于他们走得稳健、行得踏实，最终往往能取得比后者多得多的成果。

正如一位心理学家曾经说的：只有把根深深地扎进地狱，才能更好地触到天堂。努力打理好你生活中的一切，将自己的本职工作做到无可挑剔，这时候你再抬头看，你所抱着的已经不是几个果子，而是一棵硕果累累的大树了。渐渐地，这棵树会成为一架天梯，带你走向更高的领域。回过头来，你会发现那些原本以为是极限的工作已经在自己的脚下了，一切豁然开朗。

我们对马拉松比赛都不陌生，回想一下，那些起步时跑得最快、一时领先的人，往往最后成不了冠军。同样的道理，对于学业与事业来说，最后的结果如何和一时的顺利或成功关系也并不大，因此，你在努力的过程中切勿心急、别太贪心。只要你扎扎实实地做好眼下的事，经过一定程度的积累，必然会收获理想的果实，迎来成功的人生。

|003| 别在小得小失中精明算计

当个人利益和全局利益发生冲突时，正确的做法是考虑如何决策才能保持双赢，而不是只为了保证个人利益的实现打着小算盘，却使全局利益受损。

生活中，有的人很善于打小算盘，他们会琢磨怎么让自己获取更多的利益。看上去，似乎这类人的小算盘打得噼啪响，但我们从另一个角度看却不难发现，这些人往往争取的都是当前的小利益，只满足于眼前的小进步。他们紧盯着自己的小算盘，核计得失，枉顾全局的盈亏，想方设法保护自己的利益，却忽略了全局的缺失，意味着他们也会失去立足之地。

个人利益和全局利益从来都是一荣俱荣、一损俱损。厚道的人会将眼睛投向大目标，想方设法为团体的整体发展付出自己的努力。遇到问题，跳出个人的小算盘来考虑全局，体现的是与前者全然不同的思想境界和人生态度，结果自然也就不一样。这样做，表面看来是吃亏，但眼前的放弃会为他们创造更长远的发展，从长远看又何来吃亏一说呢？

其实，每个人的人生旅途都是一场删繁就简的过程，谋取长远、抓大放小才是智慧。

有个人很幸运地得了一颗硕大而美丽的珍珠，但他并不感到满足，因为在那颗珍珠上面有一个小小的斑点。他想，若是能够将这个小斑点剔除，那该多完美啊。于是，他用刀削去了珍珠的表层，可是斑点还在；他不甘心，又一层一层的削。直到最后，斑点没了，而珍珠也不复存在。

老话说得好，做人不必太精明，太会算计的人，往往会失去很多东西，比如信任，比如理智，比如感情……更不能总想着占小便宜，只求自己的利益最大化，计一时得失，失长远之利。

《水浒传》中，水泊梁山最初的寨主叫王伦。当初王伦在小旋风柴进的资助下，成为梁山泊首任寨主。王伦这个人求贤若渴，但又嫉贤妒能，心胸狭窄，只要能力比他强的人必不为其所容，屡次刁难前来投奔的落难英雄，最后在晁盖的送行宴上，被林冲所杀。王伦是很不幸的，太注重算计个人利益，心胸狭隘格局狭小，即便因为运气占得先机，却也是难以长久。

那些成天抱着小算盘、紧盯着每一个数字变化的人，就算他们一生不出差错，也难以清点美好的人生。两人合伙做生意，出同样多的钱作为启动资金，约好盈利平均分配。本来是非常简单明了的一笔账，有个人却要起了小聪明，每次去进货，总会虚报价格，然后把差价放进了自己的腰包。

世上没有不透风的墙，最终这个人的做法还是被发现了，虽然对方没有说什么，但是两个人之间也产生了嫌隙。

等到生意结束，对方就立刻终止了合作。

并且，因为这人不厚道的行为，导致他在业界中的口碑极差。此后无论他开出多么好的条件，都没有人愿意和他成为合作伙伴。他的前途被自己亲手给断送了。

|004| 为你的生活增添一些钝感力

> 那些看起来笨笨的人，却一门心思踏踏实实地做事、做人，让每一个和他合作的人充满信赖，这正是厚道人的钝感力在起作用。

“钝感力”一词源于日本著名作家渡边淳一的《钝感力》一书。在书的开头，作者用两个人对蚊子叮咬的反应来说明这一概念：人物甲被蚊子叮咬后，由于皮肤非常敏感，导致他无法忍受，然后不停地抓挠，最后造成皮肤溃烂；而人物乙则没有那么敏感，他没觉得多痒，于是泰然处之，反而被咬过的地方很快就好了。后者就是我们本节内容所要点出的主题——钝感力。钝感，听上去似乎和迟钝、木讷等负面词汇近似，但它其实是赢得美好生活的智慧。

电影《功夫熊猫》中的熊猫阿宝是一个迟钝的家伙，它穿着一条破裤衩，体形胖胖的，是面馆的小伙计，它最大的技巧就是把面条放在胳膊上。然而，就是这样一个傻乎乎的笨熊猫，最后却成了龙之武士，为人们带来了和平。实际上，阿宝的成功并非靠武林绝学，而是信心十足的“钝感力”。

《冰河时代》中的树獭锡德睡到日上三竿，才发现自己的同伴早就开始行动；在夏日的雨夜，他认真工作却被同伴嘲笑；它与火鸡争抢一个西瓜，结果被打得翻了白眼……锡德的行为几乎都会令我们开怀大笑。为什么如此呢？其实就是它那股痴劲儿，而它却在残酷的世界里坚持到了最后。

还有一个比较典型的角色是《士兵突击》中的许三多，他是一个单纯而执着的农村孩子，在绿色的军营里摸爬滚打。因为他的笨，让全班战友跟着受累；因为他的认真，让全连战友为之感动；因为他的执着，让全营战士为其骄傲。“明明是个强人，天生一副熊样”，许三多看起来也许傻气，但他却做了很多了不起的事，最终成为“兵王”。

综合上面的案例来看，作为一种为人处世的态度，相比激进、张扬、高调而言，有钝感力的人显得更恬淡、更内敛、更笃定。在竞争激烈的社会中，有钝感力的人更易控制浮躁情绪，更能求得内心平衡，也就更容易与他人、与社会和谐相处。

这个世界上，敏感的“聪明人”很多，具有钝感力的“笨人”却很少。钝感力不等于迟钝，它指的是一种积极沉稳、宽宏大度的人生态度，在此支配下，人们能够具备应对外界干扰的耐力和抗衡浮躁社会的定力，能够以轻松恬淡的内心面对纷繁多变的社会万象。如此说来，我们何不让自己多一些“钝感力”呢？！

|005| 小事不去计较，大事不装糊涂

人这一生，不能对什么事都斤斤计较，也不能对什么事都得过且过。小事上，能糊涂则糊涂，大事上，该计较就计较，才是聪明之举。

老祖宗早就告诫我们：小事不计较，大事不糊涂。也就是说，小事上不妨糊涂些，无伤大体便不必计较，而真正遇到大事就需要保持清醒的头脑，关键时刻显露智慧。

话很简洁明了，做起来却非常难。在我们生活和工作的圈子里，能够做到得体糊涂的人非常有限。甚至，我们常常将其颠倒，在小事上分毫必争，在大事上不敢言声。这其实是厚道人该鄙薄的。

王芳在一家报社任采访部主任，由于业务能力精湛，经常受到领导的好评。但俗话说“人怕出名猪怕壮”，王芳的优良表现还是引来个别人的忌妒，开选题会讨论选题的时候，他

们故意指出王芳所报选题的不合理之处，想方设法刁难她。

对于这些，王芳心里很清楚，但她每次都笑脸相对、不慌不忙，也不带任何情绪地向大家叙述自己选题的可行之处。而且，每次她都会向对她提出异议的同事表示自己的感谢。

那几个和她关系比较好的同事对此看不过去，他们就私下里跟王芳说为什么不在主编那里“奏”他们一本。每当听到这样的话，王芳都只是笑笑说，这些都是小事，犯不着非得弄个青红皂白。她还安慰同事，大家在一起工作产生点儿小摩擦很正常，没什么大不了的。

如此看来，王芳真是个老好人。然而，不久前报社改革，王芳的表现却让人对她的看法来了个180度大转弯。

原来，报社新领导上任，“三把火”之一就是改革采访部和编辑部，本来采、编分离的制度要改为采、编合一。这样就会裁掉一部分员工，尤其是采访部中只会采访写稿的记者最容易被裁掉。对于这样的改革，大部分人都颇有微词。因为，作为一份颇有影响力的大报社，又是每周三期，工作任务之艰巨可想而知。而版面的编辑和采访的记者本来就该各司其职，这样才能抓到更多一线的新闻，也才能编辑出更好的文章。

就在这个消息即将公布之前，听到风声的王芳就找到了自己的上司马主编。王芳严肃地说出自己觉得这样改革不妥的想法，并且向领导说明了下属人员的心声。

作为采访和编辑能力都超强的王芳这个顶梁柱，报社是非常重视的。最终，领导层经过商榷，改变了当初的想法，只是进行了些许微调。这样，同事们的利益得到了有效保障。

关于“糊涂”，鲁迅先生曾专门揭示了其真正含义，他说：“糊涂主义，唯无是非观等，本来是中国的高尚道德。你说他是解脱、达观罢，也未必。他其实在固执着什么、坚持着什么……”该糊涂时糊涂，该争取时争取，做到这一点的前提在于你必须有自己的原则与底线，也就是鲁迅先生说的，知道自己在“坚持着什么”。

与坚持有关的事就是大事，与坚持无关的便是小情。不被小事缠绕，你才能对大事有更准确的判断和把握；不计较小事，不含混大事，他人才能看到你的气度与分寸，才会对你这个人产生敬畏感。

第三章 厚道是姿态谦逊

厚道的人从不恃才傲物，而是心怀谦卑。他们能够把自己放低，进而得到他人的爱戴和支持，不孤立；他们保持低头前行，从而在人生的荆棘中找到正确的方向，不迷失。低头是一种智慧，也是一种胜利。

|001| 放低姿态，才能收获更多

把自己放到低处，能够让你更快速地成长，也能让你找到更多成功的方法。因此，你要把自己放低，像大海一样兼收并蓄、容纳百川。

我国民间有句俗语：“牛大马大值钱，人架子大了不值钱。”意思是说，爱逞威风、摆架子的人是不讨人喜欢的。我们身边不乏这样爱摆架子的人，他们希望别人对自己敬畏，却不知如此行为只会招致厌烦。一个人的身份和地位是自己努力得来的，也是需要别人支撑起来的，只有不摆架子的人才会得到人们的拥护和支持。

苏碧柔因为工作业绩突出被晋升为分公司总经理，在上任时的欢迎酒会上，她既不喝酒又不善辞令，与下属们几乎没有什么交流。下属们都认为这位新领导高傲、不易相处、爱摆官架子。正式上任后，下属对她恭敬有加，但苏碧柔却明显感

觉到工作推进不顺畅。

元旦时，公司举办了一场元旦晚会。在晚会上，苏碧柔出乎意料地献唱了一首歌，赢得了满堂喝彩。她的这一举动迅速拉近了与下属们的距离。不仅如此，她还主动与下属们讨论回家过年的事情。在热烈的讨论中，有一位下属突然对苏碧柔说："苏经理，平常看您总板着个脸，一副不苟言笑的样子，还以为您是一个爱摆官架子的人呢，现在才发现，原来您挺温和、挺平易近人的嘛。"

苏碧柔听了下属的话才恍然大悟，意识到自己这几个月来工作进展如此艰难的原因所在。从那以后，苏碧柔在工作中非常注意自己的言行举止，与下属见面也不再面无表情，而是微笑着主动与他们打招呼。慢慢地，下属们都看到了这位新领导温和体贴的一面，其往日的"官架子"印象也荡然无存，因此，下属们与苏碧柔的交流也随之多了起来，工作上也开始积极配合她，苏碧柔的工作也开展得越来越顺利。

此后不久，苏碧柔又组织成立了一个业余文化活动中心，经常召集下属一起打球、唱歌、做娱乐活动等等，这为苏碧柔赢得了更多的支持，下属都乐意和她亲近，都喜欢跟她交流。至此，苏碧柔完成了从过去高高在上到如今亲切的华丽转身。

其实，生活中也好，职场中也罢，爱摆架子的人都是不受欢迎的。只有把自己放低，让别人看到你的真诚，才能获得爱戴和支持。把自己放低，不仅体现在对人的姿态上，也体现在对事的态度上。愿意放低自己，以归零心态做事，才能收获更多的知识与能力。

从前，有一位秀才甚爱绘画，可是苦于身边没有高人指点。为了增进作画水平，他周游四方、寻师学艺。转眼两年过去了，他走了很多地方，也见了很多名师，却始终没有遇到他心目中认可的高人，他感到非常苦恼。

有一天，他正巧路过一座书院，因为天色已晚，索性借宿其中。闲谈时，他就把自己的遭遇说给了书院中的智者。

智者听完说道："我非常喜欢茶具，你既然会作画，能不能为我画一幅关于茶艺方面的画呢？"

秀才欣然地答应，他从行李中拿出笔墨纸砚，刷刷几笔，很轻松地就画出了一套精美的茶具，特别是画面上方，由茶壶倾泻而下直入茶杯的水柱简直栩栩如生。

智者看了看，微笑着说道："不好。"

秀才有点儿不明白，于是便问："哪里画得不像吗？"

智者说："像倒是很像，只是位置画错了，如果把茶壶画在下面，把水杯画在上面就对了。”

秀才哈哈大笑，说道：“您是不是糊涂了？如果把茶壶放在低处，把茶杯放在高处的话，怎么往茶杯里倒茶水啊？”

智者这时很认真地对秀才说：“年轻人，你这不是什么都懂吗？为什么会求不到师父呢？”

这位秀才过于自傲的心理便是他求不到师父的主要原因，既然想要拜师学艺，就该把自己放在求学者的位置，一味地高居不下，又怎么会看到真正的高人呢？

把自己放低是一种智者的风度，也是一种强者的谋略。把自己放低，懂得内敛与谦和，不仅可以让人暗蓄力量、悄然潜行，在不动声色中成就事业，还可以让自己迅速融入人群，赢得人们的尊重，与人们和谐相处。

|002| 有抬头的勇气，也要有低头的智慧

人不能不知变通地横冲直撞，我们要有抬头向前的勇气，也要有低头审视的智慧。如此，才能及时调整自己的步调和节奏，少走弯路。

在现实生活中，人们可能更多注重百折不挠的精神和坚贞不屈的毅力，认为有了这些品格就能够跨越前进路上的艰难险阻而走向成功。然而，以上优良品格固然是成功必不可少的因素，但有一点同样重要、不可忽略，那就是适时低头。

师父年事已高，便想找一个得力的接班人。

一天，他把自己最得意的两名徒弟甲和乙叫到跟前来，对他们说:“你们二人，谁能凭自己之力从院后的悬崖下爬上来，谁就有资格成为接班人。”

甲和乙一同来到悬崖下，抬头一看，只见悬崖陡峭而险峻，令人望而生畏。

身强体健的甲二话不说，立马振奋精神开始攀登。但是，刚爬上去一点儿，他就滑了下来，甲再次爬起，这一次他格外小心谨慎，但悬崖实在陡滑，他还是从上面滚落了下来。就这样，一次又一次，尽管摔得鼻青脸肿，甲还是不放弃……最后一次，甲拼尽了全力，都抵达半山腰了，但终因气竭而重重摔了下来，众人连忙手忙脚乱地把甲抬回。

甲淘汰后，便轮到乙了。一开始，他跟甲一样尝试攀爬。但是，不管他如何努力，依旧总是跌下山坡。当乙紧抓绳索站在一个山石上准备再试一次时，不经意地低头向下看了一眼。突然，他松开了绳索，跳下山石，拍了拍一身的尘土，一声不吭，扭头便向山下走去。

围观的众人万分不解，心想：难道乙想就此放弃了吗？

只见乙到了山下，便开始沿着一条潺潺的小溪顺流而上，一路穿过森林、越过峡谷……最后登上了崖顶。

当乙重新出现在众人面前时，所有人都认为他会被师父狠狠痛骂一通，因为他贪生怕死、临阵退缩。谁知，师父却微微一笑，宣布由乙接任自己的位置。

见众人面面相觑，乙向同门师兄弟们解释道："此悬崖陡峭险峻，非人力所能攀爬。但是，只要站于山腰低头向下看，便能发现玄机：有一条通上悬崖的山路。"

这个故事给了我们深刻的启迪：现实中，执着于勇气和信念的人不在少数，他们坚定不移地往前使劲冲，却不懂得低头审视，往往结果就如甲一般，费了九牛二虎之力仍无法达到心中向往之地，落得个满身伤痕又一无所获的结果。

有时，我们缺少的并非勇气，而是一份“低头看”的从容和淡定。低头，并非意味着对信念的放弃和迟疑，而是为了令自己拥有更多选择的机会和回旋的余地。

|003| 永远别认为自己大材小用

真正的金子不会抱怨自己大材小用，而是遵循“物竞天择，适者生存”的自然法则，努力去适应环境，并创造更好的环境。

在生活中，我们经常会听到一些人抱怨自己被大材小用——明明是块金子，却被当砖头来使。这些人在抱怨的时候，很少从自己身上找原因，反而把责任都归咎到外部环境上。岂不知，这些认为自己大材小用的人是在给自己挖一个可怕的陷阱，而失败就在陷阱中潜伏。

王启昌刚刚毕业就进入一家业界数一数二的公司上班，他的同学和朋友都羡慕得不得了，王启昌也感到非常骄傲，他接到录取通知书后就对朋友说：“你们等着瞧吧，公司将会因为我的到来发生翻天覆地的变化，也会因为有我这样的员工而感到光荣。”

王启昌以为，以自己硕士研究生的学历和学校里取得的骄人成绩，公司肯定会把他安排在管理者的岗位上，然而他万万没有想到，上班第一天，他就被领到了公司下属的一个工厂里当维修工。维修工作又脏又累，而且很不体面。刚上了几天班，王启昌就一肚子抱怨："我堂堂一个硕士研究生，让我干这种工作"，"这活儿真不是人干的，太累了，要让我同学知道了，还不嘲笑死我啊"，"老板真缺德，我讨厌死这份工作了，而且工资又那么低。"有了这些想法，王启昌就开始不好好工作，每天都在抱怨和不满的工作情绪中度过。

和王启昌一起被派到工厂里的何涛也是一名研究生，每天除了傻呵呵地笑和埋头工作，他从来不抱怨自己的工作多么苦，反而常常开导王启昌："没事的，咱们就把这份工作当成积累经验好了，在基层能学到很多东西。"

王启昌本来就觉得何涛傻，听了他这番话，更觉得何涛"有毛病"了，于是翻着白眼嘟哝着说："你傻不傻啊，就这，你还能高兴得起来？真没出息。"

然而，几个月后，何涛被提拔到了管理岗位上，而王启昌还是一个维修工，王启昌非常不满，他又开始抱怨："什么破公司啊？何涛这样的都能被重用，为什么不提拔我呢？"王启昌抱怨的情绪越来越重，对待工作也就更加消极了。

年底的时候，由于企业变动，需要裁掉一部分员工，而王启昌成了第一批被裁掉的人。

就工作本身而言，任何一个岗位都有其特定的意义和价值。如果以学历、资格等标准来衡量是人尽其才还是大材小用，那么很可能会出现故事中王启昌这样的局面。当认为自己大材小用的时候，就会产生不平衡的心理。这样一来，对工作就不会全心全意，最终的结果也就可想而知了。而那些不抱怨自己职位低、薪水少的人，却往往能心平气静地把精力和才智运用到工作中，从而创造出骄人的成绩，如此，升职加薪也就顺理成章。

所以，当你被放置于一个和自己本身实力有一定差距的位置上时，千万不要埋怨、抱怨，而应该放低自己的姿态。做好普通岗位上的普通事并不简单，况且，所谓的普通事也能开阔你的视野，给你的人生带来意想不到的机会。

刘大勇从小品学兼优，从知名大学毕业后，周围的人都认为他会进入一家大公司，干出一番大事业。后来，刘大勇的确有了成就，但不是在“大事”上。

原来，刘大勇毕业的时候正值金融危机，他发现就业形势不容乐观。一个偶然的机会，刘大勇听一个老乡说家乡的臊子面馆生意很好，他就想：我是不是可以在上了4年大学的青岛开一家呢？经过一番调查了解，刘大勇觉得在这里开臊子面馆可行，于是就向同学和父母分别借了点儿钱，租了个小店铺做起了臊子面生意。

当周围人知道他是重点大学毕业的大学生之后，有的投来不以为然的眼光，有的则发出遗憾的感叹之声。对于这些，刘大勇都没有看在眼里，他从未对自己学非所用、高学低用产生过怀疑。而几年之后的实际情况也证明，正是刘大勇这种肯放下身段的心态把他带向了成功。

由于经营得当，刘大勇小店的生意越来越红火，不到5年的时间，他那个小小的店铺已经升级为200多平方米的中档餐厅了。和那些当初不肯从基层做起的同学相比，刘大勇更早地获得了生命中的“第一桶金”。

从刘大勇的事例看来，我们不要觉得自己就该是抱金饭碗的王子或者公主。如果我们能放下身段，认真地、持之以恒地做事，那么，无论我们做什么，都能发挥自己的价值，人生的路也会越来越宽广。

事实上，那些在事业上取得不俗成绩的人，大都是在简单的工作和低微的职位上经过长时间不懈的努力，一步一步走上来的，他们总能在一些细小的事情中找到个人成长的支点，并根据不断改变的环境调整自己的心态，从而逐步向成功的终点迈进。

|004| “才”大不可气粗，居高不能自傲

我国民间有这样一句谚语，非常贴切地表达了处世之道：“低头是稻穗，昂头是稗子。”人的才能不在于把头抬得多么高，通常，饱满的稻穗总是低着头。

战火纷飞的年代，有一位勇敢的将军，每次大军撤退时，他都独自断后，掩护全军。战后回到家乡，将军受到了人们的赞扬与拥戴。可是，将军只是说了一句：“不是我勇敢，只因马走得太慢。”将军把自己的勇敢行为归结到了马的身上。然而，在人们心中，他的英雄形象并没有因此而削减一分，人们反而看到了他的另一种高贵品质——居高不自傲。

身在低处时保持谦逊很容易，身在高处时仍然保持谦逊就很难。你所获得的荣誉，周围人恭维的态度，都极容易让人失去冷静的判断，而居功自傲往往是你走下坡路的开始。

黎涛是一个很有能力的人，他学历高，口才也很好，毕

业后到一家公司做了职员。他很用心，也很勤奋，领导与同事都觉得这个小伙子不错。4年后，他凭借自己的努力升为项目总监，他是业绩最好并且也是在管理层中最年轻的，大家都知道，他的前途一定不可限量。于是，同事们见到他都不免赞美他几句，领导对他也是呵护有加。这样到了第5年，他的事业更是如火如荼。这一年，他成功地与一家外国大客户合作，为公司赚取了很丰厚的利润。

然而，荣誉和赞扬来得太多了并不是一件好事，经常被人赞扬的黎涛也觉得自己是无可替代的，心态上的转变直接导致了行为上的变化，以往笑脸迎人、平易近人的他开始变得“飞扬跋扈”，很多问题都不再听取别人的意见，所有事情都一个人做主，在集体讨论时也开始咄咄逼人，甚至直接在会上否决了领导的观点。

黎涛的变化被同事们发现了，便开始在私下讨论，领导对他也不像以前那般。没过多久，公司就新招来了一位总工程师，所有工作都重新做了安排，只给黎涛安排了很少的工作量。黎涛很恼火，便想到了这可能是公司对他有意见的一种表现，于是他强按捺住自己去理论的冲动，开始反思自己。

第二天，他向总裁递交了辞呈。

赞誉使黎涛以为自己无所不能，甚至认为公司离不开自己，以此开始变得自以为是、骄傲自大，甚至完全脱离了自己原本的价值轨道。黎涛的例子让我们知道，当你被傲气迷了双眼时，往往会做出令自己都感到匪夷所思的后悔事。

职场中要不得过度自负，成绩可以成为一种资本，也可以成为毁人的利剑。倘若因成绩而失去德行，必然会被行业淘汰。

有一个名叫德里奥的手艺人，他做的泥人逼真而生动，孩子们对小泥人情有独钟。因此，德里奥泥人在市场上非常畅销。为了不让自己的手艺失传，德里奥决定把这门绝活教给儿子艾弗尔。

说到艾弗尔，他真的是块做手工艺的好料——不仅心灵手巧，脑袋还转得特别快。不久，这对父子搭档便远近闻名了。而德里奥也惊喜地发现，艾弗尔青出于蓝而胜于蓝，做起泥人来干脆利落。可是，精益求精的德里奥总能发现很多被艾弗尔忽略的缺点，而每次艾弗尔也都努力地去改正。

一段时间后，艾弗尔手艺愈发精湛，他做的泥人的售价竟然超过了德里奥。不过，这并没能减少父亲对儿子的要求。当艾弗尔把自己的杰作摆在父亲面前时，并没有得到过多的夸赞，反而得到一大堆挑出来的“刺”。

为了得到肯定，艾弗尔每天认真琢磨。就这样，日复一日，几年过去了，艾弗尔的手艺越来越好，艾弗尔泥人在市场的售价也不断飞涨，从5卢布一直到6卢布、7卢布……最后高达11卢布。即便如此，德里奥还是能找出一个又一个小瑕疵：这只泥人的右眼过大、左边的肩膀太低了、这家伙的指甲盖小得都快隐身了……

终于有一天，艾弗尔忍无可忍，他大声质问父亲：“您为什么看我的泥人就那么不顺眼？我认为它们已经很完美了，根本没必要再加工！即使售价为11卢布，人们也在争相购买！”

听了这番话，德里奥惋惜地说：“我的孩子，从你嘴里听到这些话，我很伤心。因为我知道，从今以后，艾弗尔泥人的售价只能永远停留在11卢布了……”

“这是什么意思？”艾弗尔惊讶地问。

德里奥拍了拍艾弗尔的肩，说道：“作为一个手工艺人，一旦居高自傲，自认为手艺到家了，就意味着进步将就此停止，永远不会到达更高的位置了。”

俗话说“水满则溢，月满则亏”。古往今来，不知多少人本可以成就一番大事业，却被自傲摧毁，留下无数遗憾。显然，

“才”大气粗、居高自傲，是增长才能和智慧的绊脚石，是实现梦想航行路上的暗礁。它就像一个沼泽，一旦陷进去便难以自拔。

无论我们拥有什么，与天地苍穹相比，都微不足道。古人曾说：“地不畏其低，方能聚水成海；人不畏其低，方能孚众成王。”“才”大不气粗、居高不自傲，方能稳坐钓鱼台，从而获得成功而圆满的人生。

|005| 不必向他人过分显露你的才华

在与人打交道的时候，我们必须学会避免“骄傲式地说话”，同时对于炫耀的话要多听少说，千万不能做“满身是刺的骄傲孔雀”。

俗话说：“君子藏器于身，待时而动。”虽说我们的聪明才智需要获得别人的赏识，但如果无所顾忌地一味显摆自己，不免有做作之嫌，这势必会引起别人的反感。试问，谁会喜欢一只浑身是刺的孔雀呢？

然而在生活中，有些人总喜欢在别人面前炫耀自己的得意之事，总以为这样就会让朋友高看自己、使别人敬佩自己。殊不知，别人并不愿意听你的得意之事，因为你的得意衬托出别人的失意，甚至会让对方认为你是在嘲笑他的无能，特别是对失意的人来说，你在他面前炫耀自己的得意事，他会更加恼火，甚至讨厌你。

姜琪毕业于一所重点大学的经贸信息专业，不但能说一口流利的外语，人也长得俊俏。每次在跟外商谈判时，姜琪都能应付自如，同事们都对她赞许有加，也羡慕不已。

相比之下，她的顶头上司——部门经理张敏比她逊色多了。张敏年届40，体态有些臃肿，也没有姜琪的美貌和青春，中专学历的她自然谈不上什么外语水平，但由于早年进入该公司，工作勤勤恳恳，管理水平也比较高，进而受到公司领导的信任。

在姜琪刚进公司的时候，张敏对她很亲切，但在一次跟外商谈业务的聚会上，姜琪出尽了风头，得意地用英语跟外商海阔天空地交谈，并频频举杯，充分表现出自己的高贵与美丽。事后，姜琪试图通过自己那天的表现来向领导邀功。然而，实际情况却是，这件事过去不久，姜琪就被调到了另外一个不太重要的部门。

面对不如自己的领导，姜琪犯了职场的忌讳——越位：在公众场合喧宾夺主，旁若无人地炫耀自己的才华，势必会给他人带来不好的观感。

当你没有任何名誉、没有任何价值时，无论你怎么夸大自己，别人也不会把你当回事；当你做出贡献时，即使你走路

再低头，别人也能认识你。假如你真的有高出他人的本领，不一定要张扬，时间自会为你证明一切。高调地自我表现，只会把周围的人变成敌人，只会让你变成孤家寡人。在与人共事时，保持低调和谦和才会更得人心。

英国大文学家萧伯纳是一位受人尊重和敬仰的绅士。但是，他年轻时却锋芒毕露、得理不饶人。人们在跟他交往后，总有一种备受屈辱之感。

一天，一位老友终于忍不住了，语重心长地提醒道："亲爱的朋友，你确实风趣幽默，但是，你有没有发现，当你不在场的时候，人们看起来总是更快乐一些。一旦你出现，所有人就都不愿、也不敢开口了，因为你让他们自惭形秽。没错，你才华横溢，大家在你面前相形见绌。但如此一来，朋友将离你越来越远，这于你又有什么好处呢？"

这番话让萧伯纳恍然大悟，他体察到了一种危机感：如果自己一如既往、不收敛锋芒，全世界都会抛弃自己，何止是失去朋友那么简单呢？

于是，他当即立下重誓，从今往后低调做人，把自己有限的精力放在文学创作上。

这一改变奠定了萧伯纳日后在文坛上的大师地位，并且为广大读者所尊敬。

如果你不想失去朋友或客户，就要时刻注意自己的言行，把得意放在心里，而不是挂在嘴上，更不要把它当作炫耀的资本，那样只会令你失去更多。

古人云：三人行，必有我师。在我们周围，每个人都有自己的优点，都可以成为我们的老师。既然如此，我们何不“择其善者而从之”呢？只有懂得收敛锋芒，才有精力发现周围人身上的长处；只有懂得心怀谦卑，才能在得意时保持一颗平常心，不失风度。

|006| 时时自省，得意时不可忘形

得意的时候，往往是我们疏于防范的时候，这时候，我们最容易失去理智，最需要自省。厚道的人会从光环和掌声中退下来，审视自己取得成功的过程，然后再以此为新的起点，勇敢前进。

常言道："风水轮流转。"言外之意，就是指人生有得意也有失意，有顺风顺水的时候，也有事事艰难的时候。出于趋利避害的本能，我们当然都希望自己多一些顺利和得意，少一些颓败和失意，那么，怎么才能实现这一点呢？

综观古今中外，众多成功人士在总结经验的时候，总会提到自我反省的能力。一位教育界专家曾说过："一个人之所以能够不断向前，和他自我反省的能力有很大关系，因为只有找到自己的缺点或做得不够完善的地方，才能不断改正，从而取得成功。"

我国古代的曾子也不止一次地提到自我反省，他说："我每天都会多次自我反省：为别人做事是否尽心尽力了？在与朋

友的交往中，是否做到了诚实？对于老师传授的功课是不是复习了？”有一次，曾子对他的学生子襄解释什么是勇敢，他直接引用了孔子的话，说：我曾听孔子说过什么才是最大的勇敢：自我反省，正义不在自己这边，即使对方是普通人，我也不去恐吓他；自我反省，假如正义在自己这边，即使对方有千军万马，我也勇往直前。

一个真正谦逊的人是不会得意忘形的，而是能够时时自省，避免言行不适宜。

明代有个叫沈万三的“全国首富”。据说，他当时有上万顷田产，还开了无法计数的店铺。当时，朱元璋在南京定都后打算重修都城，可由于连年战乱，国库空虚，只好向富人们借钱。沈万三财大气粗，主动承担了一半的财务开销。他以为自己这么做算是帮了皇上一个大忙，得意之情溢于言表。

不仅如此，在修筑帝都3年后，沈万三深觉不够，于是又申请由自己“掏腰包”犒赏三军。最后，他拿出近百万两纹银犒赏了全国的兵士。

此举终于惹恼了朱元璋。从那时起，朱元璋下令向沈万三征收重税，税金相当于亩产的一半多。最后，沈万三落得发配云南的下场，再也未能回到江南故土。

得意之时不懂自省、只一味高调做人做事的人，终会迷失方向、乱了阵脚。正如故事中的沈万三一样，不知自省，得意而忘形，最终落得凄惨的下场。这也是在提醒我们：正视自己、正视问题，理性地看待得与失，当问题出现的时候才能稳如泰山。

与沈万三一样，微软总裁比尔·盖茨也拥有巨额财富，他又是怎样做的呢?

比尔·盖茨在高中时就曾断言自己会在25岁时成为亿万富翁。

果不其然，盖茨实现了当初的梦想，成了人类历史上第一个靠电脑软件积累亿万财富的人，也是有史以来最年轻的世界首富。1996年，他的财产达160亿美元。

可就是这样一个有钱人，在生活中却和普通人没什么两样。他平时用餐的时候，除了工作需要，一般都去普通的餐厅，很多时候就去快餐店或者咖啡馆，购买东西也常常去一些较有特色的小店。外出的时候，他经常会租一辆普通的汽车。出差需要坐飞机，他也几乎都是坐经济舱。

盖茨这种朴素的作风深深感染了微软的员工，也深得员工和更多人的钦佩和敬爱。

实际上，像盖茨这种朴素低调的生活，展现给我们的并不是其吝啬或小气，而是源于其内心的一种厚道本质。反过来，其厚道的精神品质对其价值观和工作作风又有积极的影响，同时也激发了其员工们的忠诚度和工作激情。这种得意时不忘自省、不忘前进的风度怎能不让人敬佩？又怎能不获得更多更大的成功呢？

古人云：达则兼济天下，穷则独善其身。不管你处在什么位置、正在做什么事，你都应该知道自己的长远目标在哪里。如果你被一时成功的喜悦弄得飘飘然，那么你离走下坡路也就为时不远了。所以说，要想避免得意忘形，就要时时自省。当你时时刻刻做到认真思考，知道自己接下来要怎么走，那你就能把握住自己的方向，而不致被外在因素所左右。这样，你才会一直坚持奋斗，从而走向成功。

第四章

厚道是共情同理

在生活和工作中，因为每个人的思维方式不同，所以即使面对同一件事也会有不同的反应。当双方出现差异时，不妨试着站在对方的位置来思考，这样就能更加理解、包容对方的言行。厚道的人愿意以同理之心面对他人，并以此获得平和的心态和美好的人生。

|001| 有一种修养，叫作为他人着想

一个厚道的人，能够站在对方的角度设身处地地为对方着想。他们会以换位的方式来看待和处理与他人之间存在的误解和矛盾，因此他们更容易感化对方，得到他人的尊敬。

虽然我们每个人都是独立的个体，但是个体之间却存在着偶然或者必然的联系。也就是说，我们的言行总会直接或者间接地影响到别人的生活。只有抱着不怕吃亏、能为他人着想的心态，我们才能拥有和他人融洽相处的机会，同时自己也能更快乐地生活。

对于著名物理学家斯蒂芬·霍金，我们都不陌生。在霍金 21 岁时，被诊断患有“卢伽雷”病，不久之后，他就完全瘫痪了，从那时开始，他只能和轮椅为伴。在 43 岁时，霍金因患肺炎而做了气管切除手术。此后，他完全丧失了说话能力，只能靠安装在轮椅上的一个小对话机和语言合成器与他人进行

交流。

像霍金这样一位丧失了行动与说话能力的重症患者却取得了巨大的科学成就，这与他的妻子简·霍金对他的悉心照料和无私奉献是分不开的。

简·霍金毕业于伦敦大学。她本来是想毕业后从事外交工作，那也正是她喜欢的工作，而她为了照顾霍金毅然放弃了自己的锦绣前程，甘愿做一个家庭主妇。虽然简做得无可挑剔，但并没有换来霍金家族某些人对她的好感，尤其是霍金那位生性孤傲的妹妹菲丽帕对她更是横挑鼻子竖挑眼。

有一次，菲丽帕因生病而住进了医院，简和霍金去医院探望。将要进病房的时候，简却被告知，菲丽帕只想见哥哥霍金，而不想见她。听到这样的消息，简感到无比委屈和尴尬，但是她很快就调整好了自己的情绪，她想：人在生病住院的时候，难免会心情不好，自己来探望她就是希望她有一份好的心情，如果让她不愉快，岂不是违背了自己的初衷？既然她不想见自己，一定有她的道理。简这样想着也就释然了。她面带微笑，送霍金进病房，自己则坐在病房外面的椅子上等候。

之后的一天，简收到一封来自菲丽帕的信。简没想到菲丽帕这次不但没有像以往那样指责和为难她，还为以前的事向她道歉。菲丽帕还表示，从今以后，她要做简最忠实的朋友。

简看着信，笑了。

简的做法正是为他人着想、不怕吃亏的典范。在霍金和简探望菲丽帕的时候，如果简因为被拒绝探望而拂袖离开，或者冲进病房去和菲丽帕理论一番，那么原本两人不太融洽的关系就会进一步恶化。可是，简却设身处地地为菲丽帕着想，选择了退让。正是她的这一做法感化了菲丽帕，而简为他人着想的美德也逐渐感化了霍金家族上上下下的人。

常言道：“种瓜得瓜，种豆得豆。”如果你凡事能为他人着想，不怕吃亏，就相当于用自己的爱心播种了一朵花的种子，待到花开时节，你不仅能够看到五颜六色的花朵，还能看到充满生机的春天，这不正是你之前的付出所换来的“福报”吗？

为他人着想，并不需要你付出很多。为对方提供一点方便，给予他人一个安慰的眼神、一句鼓励的话，都能成为他人跨越障碍的动力。

日本松下电器总裁松下幸之助有一次在家里招待客人。当时，在座的6个人都点了牛排。等大家把主餐吃完，松下让助理把烹饪牛排的主厨叫过来。

由于知道这批客人来头很大，这位主厨心里顿时紧张起来。他走到松下面前，紧张地问：“是不是牛排有什么问题？”

松下缓缓地说道：“烹调牛排对你已不成问题，但是我只能吃一半，原因不在于你的厨艺，牛排真的很好吃，你是位非常出色的厨师，但我已80岁了，胃口大不如前，所以我要当面和你说清楚。因为我担心，当你看到只吃了一半的牛排被送回厨房时，心里会难过。”

听完松下的话，主厨松了一口气。其他就餐者相视而笑，都明白了松下的意思，并对他投去敬佩的目光。

如果我们是那位主厨，会不会对松下的行为报以感激？如果我们是在座的客人，会不会因为松下的做法而更加佩服他，从而更喜欢和他做生意呢？

人要对自己好，但不能只对自己好。假如每个人都只顾自己而不在乎他人的想法和感受，那么人和人之间的关系就会逐渐疏远。相反，如果我们都能站在对方的角度为对方考虑，那么人与人的关系必然融洽和谐。这样充满温情的世界，不正是我们所渴望拥有的吗？

|002| 我们都需要尊重与被尊重

不要找任何他人不值得被自己尊重的理由；相反，你应该找各种理由让自己尊重对方。

在与别人交往的过程中，我们都渴望得到对方的尊重。推己及人，和我们交往的对象同样有这样的想法。说到底，这种尊重是相互的，你想要得到他人的尊重，那么你就要尊重别人。这就好比照镜子，如果你对着镜子里的人微笑，那么对方也会回报你以微笑；如果你对镜子里的人怒目而视，那么对方也会对你横眉冷对。

在某办公楼楼下的花园里，一位年轻的母亲带着自己的孩子，孩子的小手有点脏，这位母亲就拿出纸巾给孩子擦了擦，然后随手把纸扔在了旁边的灌木上。

这时，离他们不远的地方有一位头发花白的老人正在修剪灌木，看到被扔在灌木上的纸巾，便走过去捡起来放进了垃圾桶。这位母亲恰好看到这一幕，但她的脸上没有愧色，反而是满不在乎的神情。

几分钟过后，这位母亲又给孩子擦拭哭红的小脸，擦完后又把纸扔到一旁，老人再一次走过去把那团纸放进垃圾桶。

这时，只听这位母亲对自己的孩子说："看见没有，如果你现在不听我的话，整天吊儿郎当，将来你就会像他那样没出息，只能做这样的工作。"

老人做完了手里的工作，走过来对这位母亲说："女士您好！这里是集团的花园，只有本集团的员工才可以进来。我看您带着孩子，可能有些不方便，刚才就没有告诉您。那么，请问，您现在可以离开了吗？"

这位母亲很不屑地瞥了老人一眼，然后从肩上背的挎包里拿出该集团的工作证，在老人面前晃了晃，高傲地说："我是这里的部门经理，我的办公室就在上面！"

听完她的话，老人沉思了一下说："我可以借您的手机用一下吗？"这位母亲很不情愿地把手机递给老人，然后对身边的孩子说："你看看他，做这样的工作收入很低，连手机都买不起。"

老人打完电话后，把手机还给了她。两分钟过后，只见一位男士从大楼里走出来，他很恭敬地站在老人面前——他是该集团主管人事的高级职员。老人对他说:“我现在提议免去这位女士在我们集团的职务。”男士连声应道:“我马上按您的指示办!”

这位母亲被刚刚发生的事情惊得目瞪口呆，她疑惑地问这位男士:“这个老园丁说免去我的职务就能免去吗?”男士看了看她，回答:“老园丁?他可是我们集团的总裁!”此时，只见老人朝小孩走去，他摸了摸小孩的头，说:“小朋友，我希望你能明白，人活着最重要的事就是要尊重每一个人。”

没错，正如老人所言，人活着最重要的事就是要尊重每一个人。不管他是贫穷还是富有、是疾病还是健康，也不管面对诘难还是友好，我们都要尊重对方。

毋庸置疑，尊重别人是一种高尚的品质，人们在尊重别人的同时也必然会受到他人的尊重。正是因为人们之间彼此尊重，才使自身和他人固有的美德得以显现和升华。

羽然是一位在工作上表现出色的职场女性，但是她的做事方式却让人不敢恭维。有时候，要好的同事或者朋友说她有些强势，她就对对方瞪起眼珠，然后一脸无辜地说:“这怎么是我的问题呢?我提出的方案本来就是最好的，何况，我哪有时间试遍所有可能的方案。”

这样的回答让对方无言以对，时间久了，大家了解了羽然的个性和脾气，也就不再主动为她指出她存在的问题了。羽然也一直坚持着自己做事和说话的风格，讨论问题的时候，她总是坚持自己的看法，并且对别人提出的方法进行贬低。慢慢地，同事们都不愿意与她合作，公司领导无奈把她调离了现在的工作岗位。

这种“只可以用我的思考方式做事”、不尊重别人的人，怎么可能得到别人的尊敬和配合呢？羽然忽视了这样的道理：一个人的本事再大，也不可能做所有的事，所以团队配合是必须的，而只有尊重他人才能获得他人的尊重，进而拥有好的团队合作。

其实，人和人没有本质上的区别，就像一句谚语中说的那样：“光滑的瓷器来自泥土，一旦破碎就归于泥土。”用学历、职位、财富、权力等外在条件来区分人的高低是目光短浅且愚蠢的行为。摒弃所谓的偏见，平等地尊重每一个人，你的人格才能真正高贵。

|003| 用换位思考消除人事偏见

很多时候，换位思考就是绝境逢生，换个角度就会发现新的机会，就会出现“山重水复疑无路”之后的“柳暗花明又一村”。

在工作和学习中，换位思考，即换一个角度来重新看待问题，是一种创新和探索；在人际交往中，换位思考是将自己置身对方的处境和问题之中，设想如果这件事情发生在自己身上，自己会有怎样的想法、做出怎样的反应，这是一种理性和宽容。

对人对事，学会换一种角度来思考，你可以从纷繁复杂的纠纷中解脱出来，从忧虑抱怨的环境中脱离出来，如此一来，你看到的世界将会越来越美好，你的心态也会越来越平和。

靳彩霞是北方一所著名大学商学院的毕业生，大学刚毕业时，她意气风发、踌躇满志，立志一定要干出一番事业来。

可是，进公司3个月后，她就觉得自己没有办法再在这个公司待下去了，左思右想后，她打算辞职。

当靳彩霞将自己的决定告诉朋友齐小倩后，齐小倩不解地问道："你现在这个公司挺有名气的，我觉得你在这个公司的发展空间也很大，为什么突然决定辞职呢？"

"我们经理是个无能之辈，在他的领导下，我永远没有出头之日，更别说有什么好的发展前景了。我已经无法忍受了，如果不辞职的话，我迟早会崩溃的！"靳彩霞把郁积在心里的苦闷一股脑儿地发泄了出来。

"你怎么这么大怨气啊？到底发生什么事了？"朋友齐小倩关切地问道。

"我们经理总是把活儿分给下属，我看他清闲得很，自己什么都不干。到现在为止，我没有看到他有什么过人之处。"

"那如果你是经理，你会怎么做呢？"朋友齐小倩问靳彩霞。

"我又不是经理，我怎么知道？况且我也没有必要知道！"靳彩霞没好气地说。

"我认为，你应该明白，作为管理者，你们经理不应该把一切活儿都揽在自己身上，他的职能应该是统筹，是帮助下属解决工作中的困难，为本部门争取到更多的资源。要是他像其他人一样什么都干，那他就和普通员工没什么两样了。"朋友齐小倩开导靳彩霞道。

“可是，他总不能把所有事情都推给我们干吧！”靳彩霞的语气虽然有一些缓和，但还是一脸的不服气。

“那你说他每天都干些什么？是玩游戏、打私人电话、看闲书吗？”看靳彩霞不吱声，朋友齐小倩又继续说，“估计不是。所以你得站在你们经理的角度想想，为了协调部门里的工作，他需要做什么？为了解决下属的问题，他又需要采取什么措施？还有，他要预测工作中哪些可能会遇到问题？这些都是他需要做的，你怎么能指责他什么都没干呢？”朋友齐小倩反问道。

听了朋友齐小倩的话后，靳彩霞陷入了沉思。

案例中的主人公靳彩霞正是因为没有从经理的位置出发看待事情，所以让她对经理有了偏见，使自己的情绪发生了波动，进而产生了辞职的念头。假如靳彩霞和她的朋友齐小倩一样懂得进行换位思考，她就不会抱怨经理“什么事都不干，没有本事了”。

换位思考在处理人与人之间的关系以及看待事情的方法上都有着非常重要的作用。那么，在生活和工作中，我们应该怎样做才能有效地进行换位思考？

首先，你要认识到，在这个世界上，每个人的思维和观念都是不一样的。不同的人对待同一件事情有不一样的看法是再正常不过的事情，就算是再亲近的人也不可能与自己的想法、意见完全一致。有了这个认知前提，在和他人产生分歧时，你就不容易情绪失控、咄咄逼人，而是多一些包容和理解。

其次，要有怜悯之心和宽容之心。这个世界，无论科技如何进步，物质文明如何提高，都改变不了这样一个事实，那就是“做人不易”。在这个世界上生活的每个人都是非常不容易的。既然大家都不易，你就不应该对他人的失意、痛苦幸灾乐祸，而是要怀着一颗善良、关怀的心去体恤他人。

最后，你要明白，每个人都有自己的优点和缺点，人不会十全十美，但也不会一无是处。尊重他人就是不苛求他人与自己保持一致，就是以平常心接纳他人、欣赏他人，这样，你才能从心里真正做到设身处地为他人着想，体谅别人的难处。

|004| 不以自己的喜好去衡量别人

“投射效应”是典型的用自己的眼光来看待他人的行为方式，同时也是一种认知心理偏差，结果往往事与愿违。

静下心来思考一下，我们很多人都会犯这样的毛病：不自觉地认为，自己喜欢的东西就是好的，别人也会喜欢；自己的观点就是正确的，他人应该跟自己想法一致。

心理学上将其称为“投射效应”。具体来讲，投射效应指的是以己度人，认为自己具有某种特性，他人也有与自己相同的特性，这是把自己的感情、意志、特性投射到他人身上并强加于人的一种认知障碍。比如，一个爱吃红薯的人会认为他人也喜欢吃红薯；一个心地善良的人会以为他人大多都是善良的等等。

人和人之间存在一定的共通性，所以，有时候我们能对他人的特性做出正确的投射；但从另一方面来说，人和人之间的差异性同样不可忽视，这时，我们就会做出错误的投射，出现认知偏差。我们来看看下面这个故事。

一名教授到乡村游山玩水。

他雇了一艘小船游江，当船开动后，教授问船夫："你懂数学吗？"

船夫回答："先生，我不懂。"

教授又问船夫："你懂物理吗？"

船夫回答："物理？我不懂。"

教授又问船夫："那你会用电脑吗？"

船夫回答："我不会。"

教授听后摇摇头说道："你不懂数学，人生的价值已失去2/6；不懂物理，你人生的价值又失去1/6；不会用电脑，你人生的价值又失去1/6，你的人生的价值总共失去4/6……"

说到这儿，天空忽然飘来大片黑云，随后强风吹来，眼看暴风雨就要来到，船夫问教授："先生，你会游泳吗？"教授一愣，答道："不会，没学过。"船夫摇摇头说道，"那你人生的价值快要失去6/6了……"

这个故事引人发笑，也令人深思。在我们的生活中，甚至我们自己身上，是不是经常有这种喜欢拿自己的标准来衡量他人的时候？就像故事中的教授，他是数理方面的专家，便认为数学、物理、计算机是极为重要的，如果不能了解这些学问，人生便没了意义。但是他不知道，对于船夫而言，显然是具备在紧要关头活下去的能力更加重要。

传说，在鸿鹄鸟树立了飞向远方的志向后，消息传到别的动物耳朵里，它们都认为这是一件荒唐的事情，认为鸿鹄简直是自不量力、自寻烦恼。然而，令所有动物没想到的是，不久之后的一场暴风雪使一切都改变了。

原来，由于强烈的暴风雪，许多鸟儿失去了家园，它们被迫长途迁徙，飞向远方。当它们陷入极端困境时，是鸿鹄飞了过来，把它们带进一个没有忧愁、没有烦恼的乐园，让它们免于流离失所的灾祸。

故事中的鸟儿觉得自己能力达不到，就嘲笑鸿鹄鸟自不量力；它们觉得眼前的生活安逸，就认为鸿鹄鸟的远飞是自寻烦恼。在现实生活中，是不是也有一些人像上述故事中的鸟儿一样，喜欢用自己的喜好来做片面的判断呢？而往往，这样的举动只会带来不利的后果。

我们应当反思，不能一味地用“我”作为判断事物好坏、对错的标准，因为这样得出的结果往往片面；我们也应该清楚地认识到，习惯性地用自己的喜好去认识、评价、判断、衡量别人，往往有失偏颇，会给他人带来不好的影响，应当杜绝。

|005| 用倾听告诉对方：你很重要

缺乏倾听往往导致良机错失，产生误解、冲突和做出拙劣的决策，或者因问题没有及时发现而招致危机。因此，倾听的力量不可小觑。

别以为与人打交道只要有一副好口才就够了，耳朵的重要性同样不可忽视。一位著名的教育家曾说过：“做一个听众往往比做一个演讲者更重要。专心听他人讲话，是我们给予他人最大的尊重、呵护和赞美。”每个人都有迫切表达自己、渴望得到他人关注的需求，满足他人的这一需求，往往是沟通成功的关键。

梦瑶是一位资深经理人，在谈到自己如何管理下属时，她讲了这样一件事：“一次，公司有个业绩不太好的业务员找我谈心，我当时正好患了急性喉炎，说不出话来，只能听这个业务员自己说。一个多小时过去了，我的下属从青春期时因父母总是吵架而影响了自己的性格，说到上班后很想做出一点成绩，再到最近的业绩不佳、信心大减，总怕别人瞧不起自己。最后，这个下属激动地说：‘林总，您能听我唠叨这么多，我真的非常感动。谢谢您，我以后一定好好工作。’”

后来，这个下属果然像换了一个人似的，做事积极，性情也渐渐变得开朗。这件事使梦瑶深深地领悟到倾听对管理工作的影响力。此后，她在进行员工管理的时候都会尽量多倾听下属的心声，并且收到了很好的效果。

每个人都希望自己讲的话能受到别人的重视，而对方耐心地听他讲话就是在向他表达这样一个意思：“我尊重你的诉求，你说的话很重要，我很重视。”这样就能够维护讲话者的自尊心，同时使其更愿意将其真实想法与自己分享。

在职场中，不管你是领导者还是员工，倾听都是至关重要的。它不仅是在表达你尊重他人说话的权利，同时也决定了你能否有效地接收到他人的信息。只有全面了解了对方表达的意思，你才能顺利地开展工作，在完成任务时事半功倍。

几年前，罗翔大学毕业后来到一家旅游景区工作。一直到现在，罗翔还清楚地记得去景区报到前夕，导师语重心长地对他说："你在学校发表了不少文章，到景区后可以发挥你的专长，多为景区的发展提建议，多写些旅游宣传管理方面的文章，同时要虚心学习，不懂的地方要多请教领导、同事，做到多听少说。"

那个时候，旅游开发在那个县城还刚刚起步，县旅游局成立了接待站，对景区进行管理。接待站站长姓孙，为人豪爽耿直，也很善谈，但是孙站长也有缺点，有时交办一件事情，本来三言两语就可以说完，他却要仔细地交代，生怕对方不清楚。所以，在单位里，大家听他说话总是心不在焉，但是罗翔却不一样。孙站长说的话，罗翔都会认真听进去，孙站长对罗翔也很信任。罗翔这样做的原因很简单，他始终记得导师告诉他的：多听少说。

在后来的工作中，罗翔又接触了几任景区领导，也深得他们的信任，重要原因之一就在于他能够认真倾听，在倾听中学到了很多知识和做人的道理。

案例中的罗翔用倾听为自己赢得了和领导之间的融洽相处，也通过倾听提高了自己的能力。所以，在生活和工作中，当你尚未完全熟悉环境时，多听往往能令你更快适应。

很多时候，我们会发现，自己一味地表达并没有取得希望的效果，甚至会因为过度表达引起对方的反感。这时，不妨停止你的表达，抛出话题，让对方去说。这是一个沟通的技巧，也是一份对他人表达权的同理心。有时候，舍弃表达自己的机会并不容易，但这份退让却恰恰表现了你的气度与涵养，令他人尊重。

|006| 想要收获友好，先要付出善良

想要获得他人的善待，先向他人展现你的善意，哪怕只是一个包含真情的眼神、一个体现尊重的细微动作，让他人因为你的存在而变得更幸福、更快乐。

在生活和工作中，我们常常听见有人抱怨：为什么他要这么对我？在回答这个问题之前，我们需要先思考一下自己是如何对待他人的。

有句话说，你想要别人怎样对待你，你就要怎样对待别人。你要想被人重视，就要先尊重别人；不想被他人指责，就要以平和宽厚的态度对待他人的过失；不想听谎言，就先要对人诚实地讲话……所以，当苦恼出现时，先别急着申诉自己的委屈，要去反思一下自己的言行是否有不当之处。

一只蜜蜂和一只黄蜂在聊天。

黄蜂气恼地说："奇怪，我们两个有很多共同点，同样是

一对翅膀、一个圆圆的肚子，为什么别人提到你时开心，提到我却说我是害虫呢？”接着，它又愤愤地说：“真要比起来，我天生就有一件漂亮的黄色大衣，而你却成天脏兮兮地忙里忙外，我到底哪一点不如你呢？”

蜜蜂说：“黄蜂先生，你说得都对，但我想，人类之所以喜欢我，是因为我为他们制造了蜂蜜，请问你为人类做了什么呢？”

黄蜂气急地回答：“我为什么要帮人类做事？应该是人类来追捧我！”

蜜蜂心平气和地说：“你希望别人怎样待你，你就得先怎样待人。”

曾有一家咨询公司就电话对话做过一项调查，想知道在现实生活中，哪个字的使用率最高。结果发现，在500个电话对话中，“我”这个字位列榜首，使用了大约3950次。这就说明，不管你是什么人，不管你的实际状况如何，内心都是非常重视自己的。然而，在与人相处的过程中，过于关注自己、只表达自己的需求，是无法搭建起与他人沟通的桥梁的。

美国哲学家约翰·杜威说：“人类本质里最深远的驱策力就是希望具有重要性。”每一个人来到世界上都有被重视、被

关怀、被肯定的渴望。只有你先满足了对方的这种需求，才能获得对方给予你的重视、关怀和肯定。

在一个风雨交加的夜晚，一对年迈的夫妇来到一家旅馆准备过夜，他们看上去非常疲惫，急需一个休息的地方。

丈夫对旅店的伙计说："小伙子，很对不起，我们跑遍了附近的旅店，全都客满了，我们想在您这里住一晚，请问可以吗？"

年轻的伙计解释说："先生，很抱歉，我们这里的房间也已经客满了，这两天，由于一个大型的会议要在这个地方召开，所以房源十分紧张。"

听了小伙子的话，老夫妇的脸上露出了十分失望的神色。

这位年轻的小伙子看着他们为难的样子，便轻声说："不过，这么晚了，加上天气这么糟糕，你们要是不介意的话，就到我的房间里将就一晚吧。"

顿时，这对老夫妇转悲为喜。

"那你怎么办呢？"那对夫妇想了想又问。

"今天我值夜班，所以我的房间是空着的，你们尽管放心地睡吧。"

第二天早上，老人要付房钱，小伙子坚持不要，说："我自己的房间本来就不是用来盈利的，我怎么能收你们的钱呢？”

“年轻人，你可以成为美国第一流旅馆的经理。过些日子兴许我要给你盖一个大旅馆。”小伙子听了只当是一个玩笑，礼貌地说了声谢谢。

两年过去了，一天，小伙子收到了一封信，信里附着一张到纽约的机票，邀请他回访两年前在那个雨夜借宿的两位客人。小伙子来到了纽约，老人把他带到第5大街和第34街的交汇处，指着一幢高楼说：“小伙子，这就是我们为你盖的旅馆，你愿意做这个旅馆的经理吗？”

这位当年的小伙子就是如今大家都熟识的纽约首屈一指的奥斯多利亚大饭店的经理乔治·波尔特，那位老人则是威廉·奥斯多先生。

故事中的小伙子有一颗善良的心，在别人遇到困难的时候给予了不计回报的帮助。或许这个帮助很微小，但对于需要的人而言，却是绝望中的极大慰藉。在生活中，如果你给予他人点滴的善待，总是会得到应有的尊重和内心的快乐。有时候，也许你的善意没有得到应有的反馈，但请不要灰心，就像泰戈尔说的：“即使爱只给你带来哀愁，也要信任它，不要把你的心关起来。”至少在这个过程中，你是无愧于自己的，是快乐的，这就足够了。

作为社会的一分子，人与人之间的关系就如同脑袋和肩膀、手和胳膊、脚和脚踝一样，每一个人都是另一个人的延伸。身体的某个部位受到感染，整个身体都会受到影响，因此，请学会善待他人，也唯有如此，才能收获到他人给你的善意。

第五章

厚道是口下有德

我们花了两年时间学会说话，却要费尽一生来学会闭嘴。有些话，适合烂在心里；有些事，只要内心明白，无须到处宣扬。一个人的言语，代表了他的性情，也代表了他的修养。让说出口的话有分寸、不刻薄，是厚道，也是人情味。

|001| 让你的话更有人情味

在与人交往的过程中，如果一个人总是口下不留情，不顾及他人的面子，挑战对方的底线，对方也会防守反击，双方的沟通则难以持续。基于此，在说话时，我们一定要时刻告诉自己口下留情，给别人留面子就等于给自己留余地。

哪个人不爱面子？与人交往的过程中，如果你能够约束自己的言行，保留对方的颜面，该说的话畅所欲言，不该说的话就烂在肚子里，不但可以避免许多不必要的麻烦，而且还可以“化干戈为玉帛”，使事情有一个圆满的结局。

尹思妍拥有一家服装厂，多年来，她与那些挑剔的客户打交道时常常会发生争执。虽然她总是赢多输少，但公司却不得不一次次为此赔钱。所以，尹思妍改变了说话策略，尽量避免同客户发生争吵，结果大不一样。

周一的早上，尹思妍刚进办公室，电话铃就响了起来。

销售部的一个同事焦急地在电话里对她说，厂里给一个客户运去的一车布料都不合格，对方已停止卸货，要求公司赶紧把布料运回来。原来，在布料被卸下1/3时，对方的技术员说这批布料的质量太差，不符合他们的质量标准，鉴于这种情况，他们拒绝接收布料。听到这里，尹思妍立刻动身赶向那家工厂。

如果是以前，尹思妍一定会找来判别布料档次的标准规格据理力争，根据自己做了多年服装工作的经验与知识，用尖锐的话语压倒对方，使其相信这些布料达到了标准，是对方的鉴定不对。但是这一次，她决定改变一下说话方法。

尹思妍赶到现场，看见对方的技术员一脸挑衅的神态，已经摆开了准备吵架的架势。她没有多说什么，跟他一起走到卸下部分布料的货车旁，仔细看了看，发现是对方的质量衡量标准出了问题。这种布料的原料是亚麻，技术员显然对亚麻了解不多。

不过，尹思妍没有反对他的审查方式，只是问了技术员几个小问题。提问时，尹思妍也很友善，并告诉他："你完全有权利把那些你认为不合格的布料挑出来。"技术员听后，态度有了转变，开始热情起来。尹思妍又说了一些亚麻的特点，整个过程中，她没有说一句有伤技术员自尊心的话。最终，技术员承认了自己对亚麻布料的审查毫无经验，他不但接收了全部布料，而且夸赞尹思妍专业。最终，尹思妍拿着一张支票，心情愉悦地回到了公司。

在争执时刻，说客观话，不咄咄逼人；在尴尬时刻，说圆场话，免得使人下不来台，这些都是口下留情的表现。

有人曾这样比喻说话留余地的好处："这好比在战场上一样，进可攻，退可守，有了牢固的后方，出击对方时，又可及时撤回，仍然处于主动地位。虽说未必就是战无不胜，但也不会一败涂地。"因此，说话时尊重人，留有余地，对人对己都有好处。

一位顾客到一家服装店要求退一条裙子。她已经把裙子带回家并且穿过了，只是她的同事都说她不适合穿这种款式的裙子，她就决定退掉。她对售货员说："我没穿过这条裙子，只是不小心弄掉了商标。我才买了两天，你们要给我退掉。"售货员看出裙子有洗过的痕迹，不给她退，她便开始在店里大吵大闹，售货员只好叫来店长。

店长看了看那条裙子，发现的确有洗过的痕迹，但是，如果直接向顾客说明这一点，会让顾客很没面子，很可能会让事情变得更糟，这样，矛盾就会升级，于是店长说："前不久，我把一条刚买的运动裤和其他衣服一起放在沙发上，结果我母亲没注意，就把这条新裤子和一大堆脏衣服一起塞进了洗衣机。我想，您也许也经历了这样的事情。”

顾客知道再也无法隐瞒，而店长又为她准备好了理由。于是，她红着脸说：“可能是我那粗心的老公干的。”说完便收起裙子，匆忙地走了。

让自己的言语更富有人情味，能彰显你的厚道，也体现了你的教养。

一个人若想在社会交往中得到认可，就不能和不懂事的小孩子一样，说话不考虑对方的面子和感受，口无遮拦，而要学会用委婉的方式来间接表达自己的意思。这样做，既能保住他人颜面，又能使事情在和缓的情绪下得到解决。请相信，只要多留心，懂得时时处处给别人留面子，那么你很快就会发现，最终获得更大面子的不是别人，而是自己。

|002| 拒绝的话要委婉地说

不敢说“不”的人，他们的目标是让别人喜爱，但代价却是牺牲自我；说“不”过于生硬的人，表面上看，自己没受什么损失，但是无形中却伤害了对方的感情，对于彼此关系的发展显然不利。所以，不管是说不出拒绝还是拒绝得太生硬，都不可取。

在生活和工作中，每个人都会碰到一些别人提出的不合理要求，直截了当地拒绝别人，会觉得太伤对方颜面，不拒绝又会委屈自己。所以，如何巧妙地说“不”便成了一门艺术。

临到周末了，同事们都在筹划着周末两天的安排，可李悦却为自己安排了满满的任务：第一项，女儿即将芭蕾课考试，周六上午要陪她去舞蹈学院排练；第二项：周六下午陪婆婆去和房客签约；第三项：周日上午陪小姑子挑选婚纱；第四项……当看到别的同事都是讨论去哪里玩，或者去哪家餐厅吃饭时，李悦只有唉声叹气。成天为别人的事忙碌，她感到很累很烦，恨不得能有孙悟空的分身术本领。

办公室一个与她关系不错的同事对李悦说：“谁让你逞强的，总是应下一大堆事儿？”

李悦回答：“我也没办法呀，别人都开口了，我怎么好意思拒绝人家？”

工作中，李悦也常常如此，担心如果自己不承担所有交代下来的工作就会惹上司不高兴，于是有求必应，从来不考虑自己的承受能力，结果把分内的工作都给耽误了。

有些人天性善良，在面对别人的请求或者命令时，拒绝会让他们有愧疚感，所以即使不情愿，也不好意思拒绝；有些人性格怯懦，他们害怕拒绝会伤害彼此的关系，所以为了息事宁人，宁可让自己受委屈。

作家贾平凹曾说过：“每个人都应有接纳与宽容之心，但也要学会拒绝。”如果遇到明知不可为的事情还硬着头皮去做，只能让自己承受痛苦。虽然我们从小就被灌输要助人为乐，但在给别人提供帮助的时候也不要太盲目，或把帮助别人当成一种义务，而应该根据自己的承受能力，量力而为。

有些人不敢拒绝，而还有一部分人是不会拒绝。他们拒绝别人的时候特别生硬，不懂得给人留面子，结果使双方都很尴尬。

这个周五是邢小飞和女友相识三周年的纪念日，可是，当离下班还有10分钟时，邢小飞却接到部门领导的消息：今天晚上留下来和客户谈目前的项目。

顿时，邢小飞蒙了，就像当头泼来一盆冷水，把他一颗热切的心给浇得冰凉。随之而来的还有一股怒火，他气冲冲地跑到领导办公室说："领导，我要请假。"

领导看了看邢小飞，说："这个客户很难约，她平时很忙，正巧今天有时间……"

听到此，邢小飞直接打断了领导的话，"领导，我也有自己的安排，你突然通知，搞得我措手不及。我的事也耽误不得……"

领导听到这里也不太高兴。

邢小飞看了看领导的脸色，直接撂下一句"反正，我就是去不了"，然后走出了办公室。

作为下属，接受上司的命令实属正常，但也有拒绝的权利。当然，类似故事中全然生硬的拒绝是万万不可取的。你若要拒绝别人，必须以正当的理由作为前提条件，同时要注意拒绝的语气和说话的方式。

那么，怎么拒绝他人既能让自己摆脱麻烦，又能让对方容易接受呢?

总的来讲，应该采取“有礼、有力”的策略。所谓有礼，即指有礼貌，也就是要尽量照顾别人的权益和情绪，用词说话要婉转一些，切忌生硬地顶撞别人；所谓有力，是指有力量，即你的意思要明确地表达出来，让对方知道你的内心为此而产生的不愉快的感受。

比如，当你在电影院看电影的时候，前面坐着的两个人在大声地讨论剧情，妨碍了你的观赏，你就可以对他们说:“对不起，我有点儿听不清电影中的人在讲什么。”这样一来，说出的是我们的感受而没有怪罪别人的意思，对方一般比较容易接受。

相反，如果你怒气冲天地大声对他们嚷:“你们俩怎么回事啊，这么大声说话，吵死人了！别人还要看电影呢！”这样一来，虽说也能达到提醒别人的目的，但却容易让对方感到不快，而你自身所表现出的怒气也会显得你缺乏素养。

再比如，当一位同乡向你借钱，而你早就了解这个人是经常借钱不归还的人时，你可以说:“不好意思，我手里恰好没有余钱。”或者说：“对不起，我最近手头也有些紧。”

总之，坚定的意愿加上委婉的表达，往往能令拒绝事半功倍。

|003| 给逆耳忠言裹上一层“糖衣”

你要想指出别人的不足之处，一定要考虑周全，在时间场合和人物等多种因素都合适的情况下，再用婉转的语言提醒。

逆耳忠言不好说，因为每个人都有着强烈的自尊心，所以，即使你的忠告是出于善意的提醒和爱护，也难免触动对方的伤疤。因为对任何人来说，被当众揭短都是件很难堪的事，对方甚至会认为你并非善意，而是想让他当众出丑。

郭瑶在一家公司的行政部门工作，她和同事徐丽的关系很好，两个人经常搭档做事，一直配合得很好，但徐丽有两个缺点：一是爱占小便宜；二是借口很多。

因为公司的行政部门会负责一些采购工作，徐丽就在采购的时候顺便给自己买一些小东西，然后拿到财务报销，她还喜欢找借口，比如，明明是因为自己起晚了迟到，她却说等不到公车；报表没完成，就说电脑出了问题等。

一天，行政部收到上级指示：布置会场。郭瑶当时正在与财务核对一些账单，就让徐丽去做这件事情。谁知，几个小时后，当郭瑶赶到会场时，发现条幅、桌椅放得乱七八糟，她便问徐丽是怎么回事，徐丽又开始找借口，说是其他员工不配合所致，郭瑶的火一下就上来了，当着几个员工的面将徐丽狠狠地批评了一顿，并不只是针对布置会场这件事情，还将她的种种缺点都数落了一遍，使得徐丽满脸通红、一言不发。

从那以后，徐丽像变了一个人似的，少言寡语，到点就下班。有时，郭瑶找她商量事情，她也很少发表意见。郭瑶非常不解："我只是指出她的缺点，批评她几句而已。不是说忠言逆耳利于行吗？怎么我说她几句，她就变成这个样子了？"

良药苦口利于病，但在现实生活中，逆耳的良言的确不如良药那样为人所乐于接受，甚至成了令人难以下咽的苦药，因此，说逆耳忠言，要学会变害为利，使"硬接触"变成"软着陆"，即在苦药上抹点糖，看似失去了苦味，但药效却不减。

战国时期，齐国人邹忌身高八尺有余，长相十分英俊，又是朝中大臣，可称得上是一表人才。

一天早上，他穿好衣服，戴上帽子，对着镜子照了照，然后问妻子:“我跟城北的徐公比，谁更美?”妻子回答:“当然是您，徐公怎么能比得上您呢!”城北徐公也是齐国有名的美男子。邹忌不相信，又问他的妾:“我跟徐公比，谁美?”妾说:“徐公哪里比得上您呢!”第二天，有客人从外边来，邹忌跟他聊天，问他道:“我和徐公比，谁美?”客人说:“徐公不如您漂亮。”又过了一天，徐公来到他家，邹忌上上下下打量了一番，不得不自叹不如。

到了晚上，邹忌辗转反侧。

第二日，邹忌谏言齐威王，说:“我不如徐公漂亮。可是，我的妻子偏爱我，我的妾怕我，我的客人有事想求我，都说我比徐公漂亮。如今，齐国的国土方圆1000多里，城池有120座，王后、王妃和左右的侍从没有不偏爱大王的，朝廷上的臣子没有不害怕大王的，全国的人没有不想求得大王的恩遇的。由此看来，您受的蒙蔽一定比我更多。”

上述故事出自《邹忌讽齐王纳谏》，邹忌劝谏齐威王并不是直言相告，而是拐了个弯，先从自身的小事说起，引起齐威王的兴趣，然后再以小见大，将劝谏的道理说得委婉悦耳。最终，齐威王果然心悦诚服，采纳了邹忌的观点。

将不易被接受的话好听地说。这样，不管是领导、同事还是朋友都会更容易接受。那么，如何才能说出顺耳的忠言呢?

首先，话要面对面说，而不要在背后议论。当你发现别人有做得不对的事或者说得不对的话，我们要跟当事人一对一交流，因为这样才能让对方非常清楚地了解自己的意图和态度。如果在背后议论别人哪里做得不对，当第三者将批评的话传到对方耳朵里时，信息就可能失真，从而产生不必要的误会。

其次，就事论事，不要涉及其他。有些人有翻旧账的毛病，当看到别人做出不正确的事情时，往往下意识地将其所有的优点忽略，而且瞬间会想起这个人所有的“历史问题”。岂不知，这种做法是批评中最为忌讳的，会让对方很反感。因为旧账在结案后，受训者认为自己已经得到了对方的原谅，相信对方不再计较过去的事，所以，当对方翻旧账时，受训者会有这样的想法:“原来他只是装作忘记，事实上他仍记挂在心。”如此就会不再信任对方。

最后，不要带有人身攻击。任何人都有自尊心，即使犯了错，也不要用带有攻击性的语言来“敲打”对方，这样的做法其实是与谏言的目的背离的。当你有必要指出别人的失误或者错误的时候，一定要使用婉转的语言，以免伤害对方的自尊心。

|004| 规避他人的忌讳，不揭人之短

人们对于自己的忌讳之处是很怕别人指摘的。你一定要学会对他人的短处进行包容和回避。事实上，在你这样对待别人的时候，也正是完善自己的时候。

每个人都在努力变得更好，但无论怎样努力，都不可能达到完美。也就是说，每个人都会有自己的弱点、缺点甚至污点，而自尊心又驱使我们不愿意让别人触碰这些所谓的短板。所以在谈话的时候，我们会期待避开这样的问题。推己及人，和我们交往的人同样有这样的想法。所以，在与人沟通的时候，你一定要注意避开对方的忌讳。

老刘身材高大、长相英俊，美中不足的是刚过不惑之年就已秃顶。这件事也成了他心底的一块硬伤。平时要是有人戏谑他“地方支持中央”，他一定会沮丧不已；即使有人无意中在他面前说一句“这盏灯怎么突然不亮了”，或者“今天真是

阳光灿烂”等话，他的神情也会不自然，觉得仿佛是在说自己。

人们对于自己的忌讳之处是很怕被别人指摘的，即使是无意的，也会让自己不舒服。

在《阿Q正传》中，阿Q是一个很会用“精神胜利法”安慰自己的人，但他也怕别人说自己的短处。比如，阿Q在遭受别人欺辱打骂的时候会控制自己，心理很快会恢复平衡，但唯独忌讳别人说他“癞”，因为他头皮上的确有一块不大不小的癞疮疤，但凡听到别人当他的面说“癞”字或者仅仅是发一个近似于“癞”的音，或提到“光”“亮”“灯”“烛”等字，他都会“满脸通红地发起怒来，口讷的便骂，力小的便打”。

由此可见，忌讳心理在人们身上体现得何等明显。摩洛哥有句俗语是这样说的：“言语给人的伤害往往胜于刀伤。”中国民间也有俗语：“打人不打脸，骂人不揭短。”在和别人打交道的时候，千万要注意不能信口开河、揭人家的伤疤。很多时候，对别人“伤疤”的维护就是在帮助对方建立自信，对方也会因此对你更加信任和尊重。

|005| 有分寸的人，不会打破砂锅问到底

有时候，你问别人一个问题，可能是出于好奇，可能是出于挑起话题的需要，那么你是否注意到别人听到问题时脸上闪过的一抹不自在？你是否留意别人在回答时字斟句酌，根本不想深谈？

在人际交往上，人们较喜欢和成熟的人接触，因为成熟的人最会把握人与人之间的分寸，你不用担心他们问出不合时宜的问题。而那些不成熟的人有时像是追踪新闻的记者，又像是哪个机构派来的人口调查员，一旦和他们谈话，并引发他们的好奇心，他们的问题就会像机关枪一样，全方位、多角度地向你袭来。他们的问题五花八门，从家庭到学习成绩，从交友到恋爱观，不论你如何表示不想回答这些问题，他们都会问个不停，一定要挖出答案。你不回答，他们誓不罢休，也就是人们常说的“打破砂锅问到底”。

大概每个人都有过当“砂锅”的感受，不管你有多不情愿，对方就是不停地问你，不许你不答，换着花样逼问答案，你如

果不告诉他们，他们会嗔怪你“不够意思”；你如果因此而发怒，他们会说“开个玩笑，这样就生气”；你如果干脆不理，他们会说“装什么装，又不是什么秘密”……明明是他们不尊重别人的隐私，随口就问，到最后，错误都怪到了“砂锅”身上。

如果你有过这样的经历，就要检讨一下自己是否也把别人当成过“砂锅”。

小怡出国留学两年，回国后受到父母、朋友的交口称赞，都说小怡“长大了”“会说话了”。小怡自己对自己的评价是:“我以前好奇心太强，在外面两年，碰壁多了，自然就学会了看眉高眼低。现在不会像以前一样，拉着人家问个没完。”

过去，小怡是个热情得过了头的女孩，特别是对初次见面的人，她怕冷落了对方，让对方不自在，总会抓着人问东问西。小怡是直性子，对“体重”“年龄”“收入”“家庭状况”这些涉及个人隐私的问题不知道回避，常常让人答也不是，不答也不是。

现在，小怡仍然很热情，但不会让初次见她的人不自在，她会问一些轻松的话题，例如，“你今天穿的裙子好漂亮，是在哪里买的”“听 ×× 说你擅长工夫茶，传授一点‘功夫’吧”等无伤大雅又能提起别人谈话兴致的问题。最重要的是，从前小怡问问题，只要问题出口，不得到答案誓不罢休，现在，发现别人不想回答，她会聪明地换一个话题，让双方都不尴尬。

好奇心如果没有尺度，你就会变成人人惧怕的人，即使你是出于关心想要了解别人，也会被人理解为打探隐私，甚至怀疑到你的人品。所以，在与人交往的时候切忌交浅言深，不要在与别人不相熟的情况下就问东问西，这涉及一个人的修养。试想，如果一个陌生人对你问个没完，你会不会反感？会不会觉得这个人别有用心？

即使对熟悉的人，太强的好奇心也没什么好处。每个人心中都有一些不愿意让他人知道的秘密，不要以为你们的关系好，他就必须对你坦白。尊重别人的秘密是一种成熟，如果你们是朋友，你应该比他人更加尊重朋友的隐私，不要强迫朋友说不愿意说的事。任何时候，都不要打破砂锅问到底，不妨用下面几点来要求自己。

第一，不要打听别人隐私。

隐私对每个人来说都是重要的、私人性质的。有些时候它是神秘的、无人知晓的；有些时候它虽然人尽皆知，但主人根本不愿谈论它，宁愿当成谁也不知道。不管哪种情况，隐私都是一个人心中最重要的部分，随便询问构成了一种“侵犯”，最容易遭人反感。

各个国家、各个地区的人对隐私的理解不同，不同文化对隐私的界定也有宽有松，想要更好地与人交往，首先要了解他人隐私的大致范围。还有一个方法就是与人交往尽量用常规谈话和讨论具体问题的形式，这样既能避开隐私问题，又能保证双方互相了解、增进情谊。

第二，不要问别人他们不知道的问题。

有时候碰到一些人，特别是一些我们觉得专业或者有充足人生经验的人，就会忍不住问一些问题。但是，就像你问一个老师“× × 学生能不能考上重点大学”这种问题一样，在成绩公布之前，这种问题不可能有准确的答案，只会让被问的老师为难。所以，在你想要提问的时候，不妨设身处地地想想自己是否能够回答这类问题，如果答案是否定的，还是不要开口为妙。

有的时候，你认为别人应该知道某些问题的答案，因而理所当然地询问，却可能换来别人的尴尬。例如你和地里的农民谈诗歌，他们未必不懂诗歌，但懂的概率较小，多数时候你会让他们摆着手说:“我不懂，我不懂！”这个时候，旁人嘲笑、轻视的其实是提这种问题的你。

第三，不要逼迫别人说不想说的话。

在与人交往中，你会发现有些人喜欢答非所问，你问的是 A 事情，他回答你 B 事情，这让你怀疑对方的理解能力有问题。其实有问题的不是对方，而是你，有些人说话委婉客气，这个时候你要懂得辨别。当你察觉别人不想多说，就不适合再继续追问下去，否则就是在逼迫他人说根本不想说的话，这同样是一种令人厌恶的行为。

在提问之前首先应该自己想一想答案，能想出来的，我们干脆不问；不确定的，我们要想想这个问题是否涉及他人隐私，是否会引起对方不快，还要想想是不是存在这样一种情况：也许对方根本不知道答案。不管是哪种提问，都不要变成打破砂锅似的盘问，以免让原本融洽的谈话变成审讯，让对方兴趣尽失。

|006| 不了解，就不要妄加指责

> 不妄加指责，并不意味着你要放弃必要的批评，而是要将批评建立在了解情况、尊重他人的基础上，以对方能够接受的方式来说明。

在生活和工作中常常有这样的人，他们一旦发现别人做得不好，就严厉地责备，只管发泄自己的情绪，而不顾事情的真相。可实际上，我们用指责的方式并不能使别人产生大的改变，反而会引起他们的怨愤和委屈，使沟通难以继续，令结果变得糟糕。

冀东梅在一家民营企业担任经理助理，负责协助经理做一些日常工作。

但是，工作了一段时间后，冀东梅察觉自己的顶头上司有一点“特别”——动不动就冲下属发火，特别爱指责下属，即使只是一点小纰漏，他也会怒气冲天。于是，冀东梅千般小

心，万般注意，生怕一不留神被经理责骂。

可即使是这样，冀东梅也没躲过去。有一天，经理不知因为什么事情心情不好，一直板着脸，当冀东梅将刚整理好的文件递交给经理时，经理极其不耐烦地快速翻看了一下资料，并且没好气地对冀东梅发火道：“你根本就没有用心搜集资料，这点儿事都办不好，你还能干什么？公司花钱是让你来上班的，不是让你来吃闲饭的！”说完，将文件狠狠地摔在桌子上。

冀东梅被经理臭骂一顿后，心里觉得非常委屈，心想：这些文件可是自己花了好多心血搜集整理出来的，经理不认真看也就罢了，还莫名其妙地对自己发火！

公司里，和冀东梅有同样遭遇的同事不在少数，会计付小文也是“倒霉鬼”之一。

不久前，付小文因为处理工作上的其他紧急事宜而延迟了递交财务报表的时间，将财务报表交给经理的那天，他看都没看报表，也不问原由，就劈头盖脸地呵斥付小文：“财务报表怎么现在才交？早干嘛去了？以你这种工作态度，迟早会被开除！”付小文听了非常不服气，刚想解释，经理就挥挥手，不耐烦地说：“你出去吧！我不想听你解释！”

可怜付小文憋了一肚子苦水，有理都没处说。

在与经理不断的接触中，同事们都发现经理是个爱随随便便指责别人的人。因此，员工们私下里都对经理有诸多不满，对经理下达的任务和指示也缺少积极配合的动力。

法庭要确定一件事情的对与错，往往要做大量细致入微的调查工作，要先假设被指证人是无罪的，通过分析各种原因，找出人证、物证之后再做定论。在日常生活中也是如此，无论别人错得多么离谱，都不要随意指责，应先抽出哪怕一分钟的时间，问问对方为什么这么做。

我们必须认识到，一个人之所以那样做，一定有他的原因。你了解了背后的原因，也就不会对结果感到吃惊了。正如亚里士多德所说："全然的了解，就是全然的宽恕。"不要随意指责他人，试着了解他们，明白他们为什么会那么做，这比指责更理性，也更有意义。

夏日的一天，由于天气非常闷热，小徒弟趁师父外出时躺在书院的走廊上，伸展着四肢睡着了。不久，师父回来了，看到小徒弟那种"大"字状的睡相，不禁大吃一惊，同时，听到脚步声的小徒弟也惊醒了，但已来不及回避，他只好厚着脸，假装继续睡觉。

"对不起！对不起！"师父轻声地说道，并小心翼翼地绕过他的脚走进客厅。小徒弟本以为师父会责骂自己，却没想到师父反而觉得打扰了自己，顿时惭愧得冷汗淋漓。从此，他一分钟也不敢懈怠，朝夕勤奋地刻苦读书。

卡耐基曾说："100 次中有 99 次，没有人会责怪自己做错任何事，不论他错得多么离谱。"的确，在很多时候，我们总会为自己的失误找到理由，却鲜少去想别人为何犯错。正因为如此，我们可以对自己的大错误宽容，却对他人的小失误刻薄。如果我们能将耐心分一点给他人，那么，必然不会在他人犯错时，什么都不问，就先说刻薄之言。

厚道的人不会在尚未了解事情全部的情况下，随意地指责他人，他们更愿意以宽容取代指责，给予他人更多的尊重和理解，如此，我们才能更好地与他人、与这个世界相处。

第六章

厚道是不与人争

有些人，不是争就能得到；有些事，不是吵得凶就能赢。实际上，生活中的好多人，并不需要针锋相对；人生中的好多事，也并不值得据理力争。厚道的人不善于争，也不屑于争，他们愿以理性退让换取自在人生。

|001| 不要与人发生无谓的冲突

冲突不仅解决不了问题，反而会让事情变得更糟。

在日常生活和工作中，我们经常会看到两个人为了某件小事情而争得面红耳赤，甚至大打出手，最终闹得狼狈收场的情景。比如在拥挤的公交车上，两人因为踩脚或者抢座而恶语相向；同事之间由于处理问题的方法不同而发生激烈争执，从此横眉冷对、形同路人；朋友之间因为误会而从此断交……这些冲突不仅使人们没有解决实质性的问题，还让事情的结果变得更加糟糕，是非常不必要的。

思泽于春节前在一家大型商场买了一套西装，穿了两天后，他发现上衣褪色，导致衬衣的领子都被染成了黑色。于是，思泽到这家商场准备退货。他找到卖给他西服的售货员，叙述了有关情况，要求退款，可还没等他把话说完，售货员就冷漠地打断他说：“这款西装我们商场都卖出上千套了，从来没人挑出毛病。”一看对方是这种态度，思泽很是恼火，他忍受不了售货员那副漫不经心的态度，好像他是故意来找茬儿似的，便与其吵了起来。

正吵得激烈时，又一个售货员加入进来，冲着思泽说：“黑色衣服一开始都会褪点儿色，这很正常，没必要大惊小怪的。再说，这衣服价格低，自然更容易褪色，这和我们卖衣服的有什么关系？”

思泽本来就很恼火，听了这样一番话，简直都要气炸肺了，心想：这不明摆着说他买的是劣等货吗？就在思泽打算再次维护自己的权益时，售货部的宋经理走了过来。

宋经理让他们先停止争吵，并冷静地听完了思泽的描述。那两个售货员还想争辩，却被宋经理拦下了。接着，宋经理心平气和地说，思泽的衬衣领子显然是被西服弄脏的，并且说无法令顾客满意的商品，他们商场就不应该出售。宋经理承认了他不知道问题的原因，并坦率地对思泽说：“您希望我们怎样处理这套衣服呢？我们一定会尽全力让您满意。”

听了宋经理这番话，本想无论如何也要退掉衣服的思泽平静了下来，他说：“我先听听你的意见吧，如果这件衣服只是暂时褪色，我可以不要求退货，否则，请你帮我用其他方法解决问题。”

经过协商，宋经理答应思泽先试穿一个星期，然后再根据情况处理，同时，宋经理还承诺思泽，如果到时候还不满意，他一定会为思泽换一套全新的，并对刚才店员对他的不礼貌行为表示了歉意。

至此，思泽已经没有任何火气了，他满意地走出了商场。试穿了一个星期后，思泽没发现衣服再有什么问题，他便给宋经理写了封感谢信，表示对他的处理方式非常满意，并表明以后还会来他们商场购物。

从上面这个故事我们不难看出，冲突的产生源自人们做事的方法和态度。很多冲突其实是可以避免的，它的根源在于一个人的选择。当你选择了发泄情绪，那么注定得不到对方好的回应；当你选择解决问题，那么很多冲突就可以避免，问题也能得到有效的解决。那么，在日常生活中，我们具体应该怎么做，才能避免无谓的冲突呢？

首先，当冲突一触即发时，及时转移话题。罗斯福总统对待他的反对者，常常会和颜悦色地说：“亲爱的朋友，你到这里来和我争论这个问题，很好！但在这个问题上，我们两人的见解自然会有不同的地方，让我们换个别的话题来讲讲吧！”

这种首先亮出“免战牌”的方法能够有效地避免无谓的冲突。

其次，认清自己，建立高水准的自尊。如果稍加留意，你就会发现，在人际交往中，身份地位越高的人，往往越容易相处，而那些不上不下的人反而会刻意刁难他人。所以，如果你想要避免无谓的争论，就应该建立高水准的自尊，提高自身的内涵层次，培养广阔的胸襟。

最后，对他人做到“低压力”。如果你想要对方接受自己的意见而又不发生无谓的冲突，则应放弃威胁和强迫的手段，转为冷静的陈述，让对方感觉你不是在对他施压。威胁强迫的硬手段，只会让对方产生逆反心理，造成不必要的冲突。你要明白，避免无谓的冲突并不是要你屈服于他人的观点和情绪上的压力而放弃自我，努力做事才是王道。

|002| 与他人争辩，你永远不会真的获胜

任何决心有所成就的人绝不会在无谓的争辩中耗费时间。争辩的结果，包括发脾气、失去自制等，其后果是难以让人承担的。

我们的周围总存在这样或那样的争论——一场电影、一部小说、一个特殊事件、某个社会问题，甚至一个人的服饰或装扮也能引起争论。从某种意义上看，争论的过程实际上是寻求真理的过程。然而，不同于寻常的交流，争论是带有“敌意”的语言行为。因为争论的任何一方都想推翻对方的看法，树立自己的观点。因此，在争论时，掌握不好尺度就会给双方留下不愉快的印象。

实际上，人与人之间出现观念上的分歧，是再正常不过的事。对待一些无关紧要或者非原则性的问题，如果硬要弄个水落石出、讨个合理的说法，往往只会适得其反。

相传，孔子曾遇到这样一件事情。

有一天，一个浑身穿绿装的人来造访孔子，碰巧孔子外出不在家。在等候孔子回来的时候，这位穿绿衣服的客人想先考考正在门外扫地的孔子的学生。他走到学生面前问道："请问，你是孔子的学生吗？能不能向你请教一个问题？"

学生回答说："您想请教什么问题？"

客人问道："一年中共有几个季节？"

学生很疑惑这位客人为何问如此简单的问题，他莫名其妙地看了看对方，说："一年中当然有春、夏、秋、冬四个季节了。"

听完学生的回答，客人直摇头，反驳道："不对，一年中明明只有三个季节，你怎么能说是四个呢？"

学生听后，胸有成竹地争辩道："不！是你搞错了，一年中的确有四个季节，我老师也是这样说的，一定是你搞错了！"

客人也毫不示弱地回敬道："别人都说一年只有三季呀，是你错了！"

就这样，两个人争来争去，也没争出什么结果，于是那个客人提出："要不我们打个赌吧。"

学生自信地说："赌就赌，你说赌什么？"

客人便说："假如确定一年有四个季节，我给你磕三个响头，假如确定一年只有三个季节，你给我磕三个响头，你看怎么样？”学生答应了。

这时，孔子从外面回来了，学生急忙走向前，请教说：“老师，一年中到底有四个季节还是三个季节？”

孔子看了客人一眼，转过身回答弟子说：“一年有春、夏、秋三个季节。”学生顿时傻眼了，而那个客人则非常得意：“我说一年只有三个季节吧，你却不相信，既然你错了，赶紧给我磕三个响头吧。”

学生看了老师一眼，无奈地给客人磕了三个响头，客人开心地走了。

客人走后，学生不解地问孔子：“老师，您以前明明告诉我一年有春、夏、秋、冬四个季节，怎么今天又改口说只有三个季节呢？”

孔子笑了笑，对学生说：“你没看到那个人全身都是绿色吗？其实，他是一只蚂蚱，春天生，秋天就死了，根本活不到冬天，所以，在他眼里，一年永远只有他所经历的春、夏、秋三季。你们这样无休止地争吵下去，是不会有任何结果的。与其在无谓的争辩中耗费时间，还不如成人之美。”

听完孔子的话，学生恍然大悟。

每当我们遇到与自己意见相左的情况时，我们就会出于本能奋起辩驳，并希望大获全胜。这样一来，很多无益的争辩就发生了。然而，如果你能够在争论之前多投入一些思考，或许就会换一种方式和别人谈论某件事情，以至于放弃争辩。

保持平和的心境、不做无益的争辩，不失为一种做人的修养，一种充满魅力的交际技巧，它能制造出和谐的气氛，让你活得更洒脱，也更容易实现自己的目标。况且，很多时候，即使争辩赢了，也并不代表你就胜利了。

天底下只有一种方式能在争辩中获胜，那就是保持平静的心态，做好吃亏的准备。如果我们在争论面前能够退一步，就更容易做出理性的选择。当我们不去做一些无意义的争论，而是从肯定对方的观点出发，采取正面的态度和对方探讨，就会取得意想不到的成效。

|003| 话要好好说，意见不合别抬杠

逞一时口舌之快，也许能为自己带来短暂的快意，但也会给自己的生活留下长久的遗憾；而一个喜欢和别人抬杠较劲的人，也肯定不是一个受别人欢迎和尊重的人。

某位名人曾说：“你如果拿五分的力量跟别人较劲，别人会拿出十二分的力量跟你较劲。”可偏偏有人就喜欢这样做，凭着一张三寸不烂之舌，凡事都能讲出个“一二三”来，实际上却不一定能让别人买账。一个会说话的人会讨人喜欢，但是一个“没理搅三分”的爱抬杠的人则不见得会受欢迎，这是因为任何人都希望来自对方的话语是温和的，而不是尖刻的。

我们都有这样的体会，在工作或生活中，当对方有不同意见时，如果对方是用温婉的语气表达出来的，我们就不会过于抗拒；相反，如果对方的话硬邦邦的，那么即使对方是一片好心，也保不准让我们心生反感。

范敏在一家企业担任会计职务，由于工作年头长，她自恃资历老，平时在单位中不仅爱和同事抬杠，也喜欢与领导“顶牛”。

有一回，领导安排她抓紧时间去税务局报税，可范敏却认为上司不懂财务，纯粹是瞎指挥，于是就磨磨蹭蹭地迟迟不动。领导见状，对她说:“再不报，就要罚款了。”范敏却说:“怕什么，我做了这么多年的会计，这还不懂？”

领导又说:“作为我部门的员工，你要接受我对你的工作安排。”听领导这么说，范敏有点恼火地说:“我来这里工作的时候，你还不知在什么地方待着呢，凭什么就得让我听你的！”

领导也有些气恼，但考虑到周围还有其他同事，便强压住火气没有发作。

事后，平时和范敏关系不错的同事劝她:“上司毕竟是上司，你这样和她抬杠，让她如何下台？

范敏不但不领情，反而更来劲了:“就咱这领导，还用巴结她吗？”

同事说:“你不巴结没关系，但也该尊重她啊。其实，你心眼儿很好，但就是说话太冲，这样难免会得罪人的。”

谁知，范敏听完反而讥讽地说道:“她的水平你们也看到了，让我怎么尊重她！先说年龄，她28岁，我34岁，她不如我年纪大。再说学历，她高中没毕业，参加工作后混了个大专学历，我却是正规院校毕业的本科生。再说工龄，她比我差好几年。她一天到晚就知道搞关系，而我却辛辛苦苦埋头作账。你们说，就她这样的还对我指手画脚，能让我服气吗？”

同事说：“在这些方面人家是比你差点儿，可人家的协调能力比你强！”

范敏说：“除了协调和上级的关系外，我看她的协调能力也比我强不到哪儿去！”

就这样，范敏与劝她的同事你一言、我一语，一句劝告的话也听不进去，同事也不好再多说什么了。

本是一些工作中的小事，却因为范敏爱抬杠、爱顶牛而影响了自己的人际关系，甚至可能会影响她的前途，毕竟企业是非常不欢迎这样有碍团队和谐的人的。

其实，不管是生活还是工作中，当很多事情过去之后，我们再回想一下自己抬杠顶牛的情景，便会觉得那都是一些小事，根本不值一提，也许过不了多久就忘了。为了这些小事，与邻里、同事、朋友抬杠、较劲，实在得不偿失。

也许很多时候，并不是我们要跟人抬杠，而是有喜欢抬杠的人为了排遣自己的积郁、释放自己的牢骚而跟我们较劲，硬要把我们的正确言论指责为错误。遇到这样的情况，最好的应对方法是点一下头表示赞同，或者笑一笑即可。如此，就避免了后面的纷争。

由于人们所受的教育、成长环境和性格特征各不相同，因此出现矛盾在所难免。凡事都喜欢与别人争个对错、不分上下誓不罢休的架势的人，不但会得罪人，还会办砸事。厚道的人都懂得求同存异，在小矛盾中忍让一步，不与人发生口角，这样就会更容易获得友谊，生活也自然会因此而快乐很多。

|004| 理直无需气壮，得理时候让三分

自己占理的时候，不要去管别人的唠叨，那碍不着你的事情，不去理会他们的唠叨，不是你没有胆气，而是你具有胜利者的大度。

与人相处，讲究“有理有节”，而不是“得理不饶人”。大多数人都有一种思维误区：“这件事我占理，怕什么，为什么要让着别人？”的确，很多时候，“理”是在你这边，但有个词叫“情理”，理前面有个情字，如果咄咄逼人，你固然占着“理”，却失掉了人与人之间的“情”，让人觉得你太过古板冷漠、不近人情。

占理的时候，更能体现一个人的涵养。如果一个人既有“理”，又能顾及“情”，就称得上两全其美。“情”包括很多方面，他人的心情是最重要的一方面，此外还需要考虑自己与对方的感情，如果你愿意为了“情”而让上三分“理”，实际上你并不吃亏，在他人眼里，你有胜利者的风度，也有为人的气

度，这就需要你在自己“理直”的情况下不是“气壮”，而是忍耐、劝慰，有时候还要让上一小步。

在与人产生分歧的时候，“屈”不是让自己顺从他人的意思，而是提醒自己更加理智，对他人更有礼貌。要知道，即使表面上“理”在你这边，但他人做的事未必就是错的，他也有自己的原因。所以，面对分歧的最好办法不是争个面红耳赤，而是换位思考，想想对方的立场和心情，尽量给对方发泄和圆场的余地。

左晓利年纪不大，却有很多朋友。朋友们的性格各不相同，有些人暴躁，有些人温柔，有些人内向，有些人精明，左晓利跟他们都谈得来，他们也都很尊敬左晓利。

不要以为左晓利喜欢讨好别人，认识他的人都知道他是个牛脾气，自己认定的事从不改变，但他有个优点，那就是愿意接受不同的看法。他常说：“我说的是对的，别人说的也不一定是错的，每个人都有自己的看法，我认死理儿，但不强迫别人认我的理儿。”

正是因为这个原因，左晓利很少与人发生争执，他会理智地听对方的意见，进行全面分析，并提出自己的观点。他从不强迫他人接受什么，他人却总能从他这里得到一些有益的启示。随着年龄增长，左晓利也开始改变自己的固执，按照他人的意见修正自己。

遇到冲突应和人讲道理，更重要的是，当对方明显理亏的时候，应点到为止，不要让人下不来台。故事中的左晓利就是这样一个人，他能够在得理的时候“让”理，凡事都能体谅别人，给人留面子，这就保证了人们对他的喜爱和尊重，让更多的人愿意和他成为朋友。

俗话说“有理不在声高”，当你的确有道理的时候，不需要一再提醒别人，也不必非要指出别人的错误，让那个人承认自己失败，有基本判断力的人都能看到自己的错误。就算你正在因某件事愤怒，也不妨让上三分理，这样才能更快地解决问题。

文芳是一名十多年前就拿到注册会计师资格证的中年女性。如果不是接连生了两个孩子，她可能会一直奔波于职场，但是，孩子们的陆续到来让她不得不从职场退居到家里，当起了全职妈妈。一晃六年过去了，第二个孩子也上了幼儿园，文芳有了重回职场的念头。

然而，她投了很多份简历，却多半都石沉大海。有几个公司虽然给了她回复，也有的要她去面试过，但对方一听她做了六年的全职妈妈，都打了退堂鼓。其中有一家企业，实力不错、离家也不远，文芳很想去。她想再争取一下，就重新给这家企业写了封求职信。可对方却毫不客气地在回信中说："我们公司需要没有任何家庭负担的人，像你有两个孩子，肯定经常会请假，平时你的精力也无法都放在工作上。所以，我们怎么能聘用你呢？"

文芳看完这封信之后又气又恼。显然，这是一封带有偏见的回复。她想马上回信，骂一下这个说话刻薄的人，以发泄自己的怒气。但当她坐在电脑前准备写这封信的时候，不由得对自己说："等一等，人家说的也不是不对啊，毕竟自己脱离了六年的职场，而两个孩子虽然上幼儿园了，但每天在他们身上花费的精力依然不小。"

想到这里，文芳改变了初衷，重新整理了思路，写了另一封信。她在信中写道："感谢您在百忙之中愿意抽出宝贵的时间来答复我。首先，我承认您的担忧是有道理的；其次，我愿意尽我所能规避您上述提出的问题。比如，限制请假的次数等。最后，我为自己再三叨扰您致以歉意。但是，我真的很渴望加入贵公司，望考虑。"

让文芳没想到的是，一周之后，她就收到了那家公司的回信，信中表示要给她一份财务部稍微轻松点的工作，因为她的宽容和谅解打动了对方。

以为自己有“理”的人，总是愤怒于他人的曲解，并力图改变他人的错误思想，希望得到他人的认同。但他们总是发现这样一个事实：想要他人口头屈服是容易的，但令人在心里认同却很难。这往往使得他们愈加羞恼。

其实，“理”不是生活的全部，你的道理也不一定适用于别人。为什么不去接受人与人之间的不同？特别是情绪激动的时候，为什么不把你在事业上的耐心拿出来，用时间和事实证明自己？真正的“理”早晚会被人承认，到时候，别人会感谢你曾经的宽容。

|005| 别靠诽谤他人抬高自己

恶意诽谤他人的谎言往往会随着时间的流逝而被击碎，当真相大白的时候，诽谤者会曝光于光天化日之下饱受难堪。

有人的地方就有比较、就有竞争。有的人能够正视这种差距，向比自己强的人学习，并会通过正当的渠道让自己取得进步；而有些人却选择非正当渠道，在群体间对竞争对手进行造谣诽谤，试图让对方既丢脸面又损利益。然而，无数事实证明，后者的做法只能给他们带来短暂的心理平衡，到头来他们不会真正实现自己的目的。

某公司新招聘了一位负责行政工作的女孩，名叫安达。安达来公司一个月就顺利转正，不到半年就获得了加薪的机会，这让在公司待了三年多却没有升职加薪的财务主管王倩很不平衡。她想，公司不大，本来可以将财务部和行政部合在一起管理，再多招一个人真是浪费。

当然，安达的青云之路并没有因为王倩的不平衡而受到影响。安达工作卖力，她不但做好自己的分内工作，还在其他时间为公司联系业务。由于安达的勤勉和聪慧，她拿下了非常可观的业务量，这让总经理对安达刮目相看。王倩也因此更加心理不平衡。

最近，安达连着三天没来上班，也没有跟她请假，王倩自觉抓到了她的小把柄，对总经理汇报说："安达今天没来，也没发个短信或打个电话跟我请假。之前她跟我说过这个公司小，待遇也不高，没有发展前途，看来是想另谋高就。"

老总听了王倩的话，没说什么。没过几天，公司发出了人事通知，王倩被辞退了。原来，总经理一直接到员工的举报，说王倩在背后说人闲话，他一直都没有确切的证据，这一回是证据确凿。他绝不允许这样人品不端、有碍团队和谐的人存在于自己的公司。

职场中，没有一家企业领导会容忍员工不负责任地到处传播流言、搬弄是非。正如我们在故事中看到的，诽谤他人的人会受到惩罚。所以，王倩对他人的诽谤不但没达到目的，反而让自己丢了工作。做人要厚道，不能耍小聪明，你周围的人其实没你想象的那么笨。当谣言被击破，你在群体中的印象就会一落千丈，并且之后很难改观。

古人说得好：流言止于智者。我们无法制止别人制造和传播流言，但是我们可以让自己成为流言的终点站。流言传来了，我们就将它封杀并彻底清空，我们所处的环境就会少一些是非，多一分和谐。

第七章

厚道是心有气量

为了芝麻丢掉西瓜，为了钱财丢弃友情，为了眼前丢弃未来……心胸狭小，天地必然狭窄；心胸宽广，才能走出世界。一个人的气量决定了他生命的宽度，厚道的人心有气量，容得下怒气，也容得下伤害；容得下对手，也容得下失败。也因此格局高远，成就大器。

|001| 容得下愤怒，不争一时意气

在你愤怒且想行动时，千万要告诉自己：暂且忍耐。一个人只有学会控制自己的情绪，能够忍得一时之怒，才能做成事。

排了很长时间的队，前面却突然出现一个插队者；隔壁邻居在你准备睡觉时却把音响开得很大；公交车上，因为拥挤被人不小心狠狠地踩了一脚；失意之时被人落井下石……在诸如此类的情况下，我们很容易就会被激怒，做出一些令自己悔恨交加的事。但当冷静下来之后，回过头去想时又会发现，那些冲动之下做出的事都是不理智的行为。

在2009年的南非世界杯足球预选赛上发生了一件令世人瞠目的事情。

那次比赛的双方是德国队和威尔士队，这两个队实力相当，所以比赛进行得非常激烈。到下半场第38分钟时，德国

队名将巴拉克刚刚结束了防守，便抬手指向了前锋波多尔斯基，因为他觉得波多尔斯基在刚才的防守中表现得不够积极。而波多尔斯基则走到巴拉克面前，抬手拨开他的手臂，随后顺势打了巴拉克一个耳光。

显然，巴拉克并没有料到自己的队友会在此时打自己耳光，人们都在想，作为一个功勋卓著的老将，在众目睽睽之下受到一个年轻球员这样的侮辱，巴拉克肯定会暴跳如雷，予以反击。但是巴拉克没有，他只是捂了一下被打的脸，愣了片刻后，又迅速投入比赛。德国队教练看情况不妙，立马把波多尔斯基换下了场，才让德国队最终以2:0的优势战胜了威尔士队。

比赛结束后，鲁莽冲动的波多尔斯基成了媒体和大众的众矢之的，纷纷追问和谴责他为什么要打巴拉克耳光。波多尔斯基羞悔万分，坦诚道："我是一个白痴，给队长巴拉克的那个耳光完全不应该，他永远都是我的偶像。"

试想，如果巴拉克没有冷静地控制住自己的情绪，和波多尔斯基一样愤怒冲动，球场上会上演怎样一幕令世人耻笑的闹剧？愤怒情绪的失控，往往导致情况的失控。所以，当你遇到令你气愤冲动的情况时，一定要学会克制自己的情绪，以免"愤怒"这个可怕的魔鬼对自己造成无法补救的伤害。

从前，有个人向智者请教如何获得智慧。智者告诉他:“倘若你遇到疑难的事，且不要急着处理，可以先朝前走7步，然后再后退7步，这样进退3次，智慧便来了。”那人听后，将信将疑。

当天夜里，那人回到家，昏暗中发现妻子与人同眠，顿时怒起，拔出刀来便想行凶。这时，他忽然想起白天智者的话。于是，他前进7步、后退7步，各进行了3次，然后点亮了灯光。再看向床铺时，发现与妻子同眠的竟然是自己的母亲，顿时惊出了一身的冷汗。倘若没有从愤怒中冷静下来，他已经酿成了不可挽回的大错。

生活和工作中，我们总是免不了遭遇这样或那样的矛盾和冲突，并因此心生愤怒。但是，我们可以在愤怒时选择冲动还是克制。

心理学家指出，人的愤怒情绪一般只需几分钟，甚至几秒钟就可以平息下来。但如果当时不及时把这种负面情绪转移，就会愈演愈烈。所以，当愤怒情绪出现时，不妨先放空自己几秒钟至几分钟，防止怒火蔓延。等冷静下来之后，再继续未完的事务。

持续地愤怒除了让自己的身体受到危害，更会湮没快乐与成功。平静的心灵是他人无法攻克的堡垒，而愤怒的人往往不攻自破。所以，请学会控制愤怒，这是成功的前提。

|002| 容得下伤害，对朋友多一分谅解

真正的友谊是经得起狂风暴雨的打击的。只要你对朋友真诚相待，那么对方也会以最大的忠诚回报你，这正是友谊的真谛。

当你的朋友犯了错，你会选择原谅他吗？

在英国曼彻斯特郊区的一个小镇上，有一个叫丹尼尔的人，他整日游手好闲、酗酒闹事，人们见到他都唯恐避之不及。后来，他因为酒后失手打伤债主而锒铛入狱。

经过一番教育和思考后，监狱里的丹尼尔对自己以往的言行感到深深懊悔，为了更快出狱，他在监狱里的表现也更加积极起来。有一次，监狱里发生了集体越狱事件，他冒着极大的危险协助监狱制止了这次行动，从而获得了减刑的机会。

出狱后的丹尼尔回到小镇，下定决心重新做人。可是，人们知道他的经历，都不愿意接受他。所以好长一段时间丹尼

尔都找不到工作。后来，丹尼尔穷得连吃饭都成了问题，他不得不到亲朋好友家去借钱，然而没有人同情他，人们向他投去的都是不相信的目光。

就在他感到绝望的时候，丹尼尔小时候的朋友约翰听说了他的遭遇，取了500英镑给他。丹尼尔平静地接过钱，看了一下这位朋友，然后就消失在了小镇的路上。

几年之后，丹尼尔从外地归来，他靠着朋友给的500英镑起家，经过一番艰辛的拼搏，终于有所成就。他来到约翰家，感激地对约翰说："谢谢你！你是我真正的朋友，是你对我的信任让我有了重新站起来的勇气。"

朋友的一份信任、一份对他过错的包容，拯救了即将走向极端的丹尼尔。

我们知道，人无完人。如果你因为朋友一时的过错就完全否定他，以致不再信任他，这不仅是对朋友的背叛，也是对自己的背叛。当你的朋友犯了错，或者当你被朋友伤害时，不妨冷静下来，和自己的内心对对话：这个朋友是自己找的，我们的友谊来之不易，对于他的过错，真的不可以原谅吗？换一下位置，如果面对此种情况的人是我，我会怎么做，如果对方不原谅我，我又会有怎样的感受？

朋友是一个很简单的词，但其中的含义却并不简单。真正的朋友之间难免会产生矛盾，甚至造成伤害，但我们并不会对此耿耿于怀。如果无法做到这一点，从严格意义上讲就算不上真正的朋友。对任何人而言，朋友都是我们一生中极为珍贵的财富，而我们绝不能因为一时的矛盾而将朋友放弃、将友谊掩埋。

这世上没有不犯错的人，我们、我们的朋友都不例外。面对朋友的过错，我们应该克制自己的怒气，多给朋友一些宽容和信任。这样，朋友会因为我们的宽容和信任而回馈我们更多，此时，友谊的大厦也就越来越牢固、越来越美丽。

|003| 容得下对手，感激他们让我们更优秀

在竞争中，我们不应该排斥对手，而应该积极地面对他们。对手使我们拥有前进的动力，激发出我们自身的潜力，让我们成为更优秀的人。

竞争是现代人身边出现的高频词。一说到竞争，我们就会联想到职场上的拼杀、商场上的争夺、荣誉面前的拼争……在诸如此类的局面下，多数人对竞争的平衡心理被打破，进而对竞争对手产生怨恨、畏惧、逃避等消极心理。而事实上，这种思维方式是非常狭隘的。他们没有看到，竞争所给予自己的不仅仅是危机，还有动力。

某家动物园为了吸引更多的游客，特意从遥远的美洲引进了一只美洲豹。面对这样一个“远方贵客”，动物园的管理员们想方设法让它吃好、喝好，每顿饭都特意为它精心准备。不仅如此，管理员还特意开辟了一个不小的场地供

它活动。

可是，美洲豹并没有因为受到特殊的对待而过得舒心，它整天闷闷不乐，看上去总是无精打采。见此状况，动物园的管理员们大惑不解。开始，他们以为或许是美洲豹对新环境不太适应，过一段时间就好了。可是，两个月后，美洲豹还是老样子，甚至情况更加糟糕——它毫无食欲，处在奄奄一息的危险状态。

眼看着美洲豹变成这样，园长急坏了，他赶忙请来兽医诊治。结果发现，美洲豹的身体没有任何毛病。对此，兽医提出了一个建议：在美洲豹生活的领域放几只老虎。

令人没想到的是，老虎的到来果真让美洲豹打起了精神。原来，老虎让美洲豹时时处于警觉状态，每当运送老虎的车辆出现，美洲豹就站起来怒目而视，摆出一副严阵以待的阵势。没过多久，美洲豹的活力逐渐恢复了。

我们都知道，“物竞天择，适者生存”是大自然的规律。换言之，世界没有竞争，就没有发展；个人没有对手，自己就不会强大。可以说，正是竞争的存在，推动了我们的进步；正是对手的存在，促使着我们成功。

这其中的道理不难理解。试想，一个人如果没有对手，再加上上进心不是很强的话，那么他就会甘于平庸、养成惰性，最终庸碌无为；在一个群体中，如果缺乏竞争对手，就会使人安于现状、丧失活力；在一个行业中，如果缺少对手，就容易妄自尊大，因为自满而逐步走向衰亡。从这个角度来看，我们不应该消极地排斥对手，而应该积极地面对对手，主动参与到竞争中去。

1860年，林肯当选为美国总统之后，决定任命参议员萨蒙·蔡斯为财政部长。

林肯把自己的想法告诉了参议员们，可没想到顿时引起一片哗然，很多人都投出了反对票。对此，林肯颇为疑惑："萨蒙·蔡斯是一个非常优秀的人，为什么你们会反对？"参议员们给出了这样的回答："萨蒙·蔡斯是一个狂妄自大的家伙，他狂热地追求最高权力，一心想入主白宫，而且，他私底下甚至认为自己要比你伟大得多。"

听完参议员们的话，林肯笑着问道："哦，那你们还知道有自认为比我伟大的人吗？如果你们知道有谁认为他比我伟大，你们要及时告诉我，因为我想把他们全都收入我的内阁。"

最后，林肯还是任命萨蒙·蔡斯为财政部长。事实证明，蔡斯在财政预算与宏观调控方面很有一套。但是，他对林肯一直都很不满，并时刻准备着把林肯挤下台。对此，林肯的朋友纷纷劝说林肯免去蔡斯的职务，但林肯却表示自己对蔡斯满怀感激之情，是不可能罢免他的。朋友们对他这样的说法难以理解，于是林肯就讲了这样一个故事：

“有一次，我和我的兄弟在肯塔基老家犁玉米地，我牵马，他扶犁。这匹马很懒，但有一段时间它却在地里跑得飞快，连我这双长腿都差点儿跟不上。到了地头，我发现有一只很大的马蝇叮在它身上，我随手就把马蝇打落了。我兄弟问我为什么要打落它，我说我不忍心看着这匹马那样被咬。我兄弟却说：‘哎呀，正是这个家伙才使马跑得快啊。’”

然后，林肯意味深长地说：“现在有一只叫‘总统欲’的马蝇正叮着我，我会时刻提醒自己不能松懈，要不断地向前跑，努力做好自己的工作，否则，我就会被别人所代替。这也正是我能做好工作的主要原因。”

对于想干出一番事业的人来说，竞争就是自己不断努力的动力。他们不畏惧参与竞争，以积极的姿态迎接对手的挑战。也正是因为如此，他们不断地成长和强大，为获取更大的成功打好了坚实的基础。

总而言之，竞争于我们是一剂强心针，就如同加力挡之于汽车、助推器之于机械设备。当我们面对竞争对手，最好的做法就是相信自己，积极备战，迎接挑战。唯有如此，我们才能不断进步和成长，我们的生命也才会绽放不一样的光彩。

|004| 容得下失败，输得起才能赢得起

人生犹如海上行船，时而风平浪静，时而暗潮汹涌。得志的人生也好，失意的人生也罢，人们大都遭遇过失败的造访，既然无法摆脱失败的遭遇，那就要做好“输得起”的准备。

对于打牌这项娱乐活动，我们都不陌生。回想一下，当我们玩牌的时候，是不是会发现总有一些人在出牌的时候就会表现得谨小慎微、犹豫不决，而往往越是如此，到头来输牌的可能性就越大。一旦输了，他就闷闷不乐，这时就会有人开玩笑地说：“输不起就别玩嘛！”

打牌如此，我们的人生亦是如此。如果做事总是患得患失、害怕失败，那么失败反而越是会缠着你不放。因为输不起就会失去平常心，没有了平常心，怎么能赢得成功的人生呢？因此，“输得起”对你人生道路上的输赢起着很关键的作用。

在自然界中，有一种动物很好地诠释了“输得起”这一品性。

我们都知道，狼是自然界中最有效率的猎捕者，但是我们或许并不清楚，它们捕食的成功率也仅仅只有10%左右。也就是说，在狼群每10次的猎捕行动中，仅仅只有1次的成功机会，而这一次的成功与否却关系到整个狼群的生死存亡。

但是，面对没有成果的捕猎，狼群并不会因此而表现出倦怠和绝望。它们会很快整装待发，投入到新的行动中去。一次失败的狩猎行动只能磨炼狼群的技能，增加它们对成功的渴望。

狼善于利用它们生命中不成功的事件，自然地把人类视为失败的经历转化为生存的智慧。9次毫无结果的狩猎也没有让它们失去继续尝试的斗志，随着时间的磨炼，它们不断获得新的狩猎技巧，成功最终降临在了它们身上。

群狼这种输得起的品性恰好是我们人类需要学习和效仿的。实际上，失败并不可怕，可怕的是无法容忍失败出现在自己的人生中。在拿破仑指挥的所有战役中，有1/3的战役均以失败告终，但这并不妨碍他进行下一次战役，最终成为伟大的军事家。成功是有心人在总结失败经验、汲取教训之后赢得的果实。历经失败时，只会懊悔沮丧、不愿意寻找失败的原因的人永远无法跨越失败、抵达成功。

初涉世事的年轻人，缺少的正是失败的历练。成功给人以荣誉，失败则带给人以启迪，它会促使你思考和探索。输会给你指出一条更坚实的道路，输其实也是一种赢。

在一次考试后，劳伦教授给一位将要毕业的学生打了个不及格的成绩。这件事对那个学生打击很大，因为他早已做好了毕业计划，现在不得不取消，真的很难堪。如今，他只有两条路可走：一是重修课程，下年度毕业时才拿到学位；二是不要学位，一走了之。

在知道成绩后，这个学生向劳伦教授大发脾气。劳伦教授等他平静下来后，对他说："你说的大部分都很对，确实有许多知名人物几乎不知道这一科的内容，你将来很可能不用这门知识就能获得成功，你也可能一辈子都用不到这门课程里的知识，但是你对这门课的态度却对你大有影响。你现在要做的就是冷静下来，平静地接受这一次的结果。"

"这是什么意思？"这个学生问道。

劳伦回答说："我能不能给你一个建议呢？我知道你相当失望，我了解你的感觉，我也不会怪你。但是请你从内心里接受这件事吧。这一课非常非常重要。请你记住这个教训，5年以后你就会知道，它是能让你赢得收获的一个教训。”

后来，这个学生踏入了社会。几年后，当他再次回到学校时，他特地向劳伦教授致谢。“那次不及格真的使我受益无穷，”他说，“听起来可能有点儿奇怪，我甚至庆幸那次没有通过，因为我经历了挫折。以至于我后来再经历失败时，再也没有了当初的惶恐，反而能坦然地接受它们，并靠自己的努力修正。”

在人生的旅途中，没有人不会经历失败。面对失败，我们要具备百折不挠的意志，通过“输”来寻找到当初奋斗的起点。当你用输得起的心态来看待失败的时候，那么即使100次扑倒在地，也会在第101次站起来。要知道，每一次的失败都把你朝成功拉近了一步，而每一次的成功过后，你又站在了一条新的起跑线上。真正的赢家懂得把成功垫在脚下，站在高处寻找更远的目标。

|005| 容得下冒犯，退一步月朗风清

宽容是一种至高的人生境界，在被他人冒犯的时候，不妨把自己的“刺”收起来，后退一步，站在别人的角度考虑一下。只有能够包容他人，才能达到宠辱不惊的境界。

俗话说得好：退一步风平浪静，让三分海阔天空。遇到事情不冲动，多一份宽容和忍让，就可以避免许多不必要的麻烦，减少很多不必要的矛盾。

我们在生活中免不了会与别人产生一些矛盾与摩擦。面对这些不快，每个人的处理方式各不相同。如果一个人心胸豁达，懂得包容和宽恕别人，那么他眼中的世界永远是阳光明媚、积极向上的；相反，如果一个人心胸狭隘，总是和别人针锋相对、斤斤计较，那么他不但会伤害到别人，自己也变得消极落寞。

下面是一个关于古希腊伟大的哲学家苏格拉底的故事。

有一天，苏格拉底和老朋友在雅典城里一边散步一边愉快地聊天，忽然有位愤世嫉俗的青年出现，用棍子打了他一下就跑开了。他的朋友看见了，立刻回头要找那个家伙算账，但是苏格拉底却拉住他，不让他去追，朋友奇怪地问道："难道你怕这个人吗？"

"不，我绝不怕他。"苏格拉底说。

"那为什么他打你，你不还手？"

此时，苏格拉底笑着说："老朋友，你糊涂了，难道一头驴子踢你一脚，你也要回踢它一脚吗？"他的朋友听后点点头，便不再说什么了。

荷兰哲学家斯宾诺莎曾说过："人心不是靠武力征服的，而是靠爱和宽容征服的。"人非圣贤，孰能无过，人与人相处，应该得饶人处且饶人。你与他人发生了争执，你若顺从他，或许是为往后留下了一条康庄大道；但若睚眦必报、不依不饶，便是在无形中为自己筑起了一堵高墙。

我们需要认清这一事实，宽容和退让并不会让我们失去尊严。相反，它恰恰是一种心胸豁达、成熟理智的表现。敌意和仇恨就像一面不断增长的墙，而宽容和退让则像一条不断加宽的路。我们要学会宽容别人、善待恩怨，学会尊重自己不喜

欢的人。因为宽容别人就是在宽容我们自己，在宽容别人的同时，我们也为自己营造了一份安宁的心境。

战国时期，魏国与楚国是邻国，在两国交界的地方盛产瓜，住在那里的农民都以种瓜为生。魏国有一个名叫宋就的大夫被派遣到此地做县令，上任没多久就遇到了麻烦事。

原来，那年的春天大旱，田地里又缺乏足够的水来灌溉，村民们种的瓜长得很慢。魏国村民非常担忧，心想：如此下去，今年的收成肯定会很糟糕。于是，便自发组织了一些人，每天晚上挑水到地里浇瓜。一连浇了几天后，魏国地界的瓜苗渐渐有了起色，长势明显好于楚国地界的瓜。结果，楚国的一些村民看到魏国人的瓜苗长得比自己的好，便起了忌妒之心，趁着夜色跑到他们地里，践踏了他们的瓜苗。

魏国的村民发现后非常气愤，决定要以同样的手段报复楚国。宋就听说后，连忙把村民聚到一起，安抚他们说："以我之见，大家最好不要这样做。"那么辛苦才培育出来的瓜苗就这样被毁坏，村民们哪里咽得下这口气，根本听不进宋就的劝告，大声嚷嚷道："凭什么就这样被欺负？难道我们还怕他们楚国人不成？"

宋就继续说道："非也。如果你们一定要报复，那么最后的结果顶多是解了心头之恨，但你们有没有想过之后呢？他们肯定不会善罢甘休，会再次来毁坏瓜苗，你们这样互相破坏下去，到最后，双方的瓜都不会有好收成。”

村民们听后，逐渐冷静下来，皱起眉头问宋就：“那我们该如何是好？”

宋就说：“这样吧，以后，你们每天晚上去浇地的时候，顺便帮他们也浇一浇，最后会是什么结果，到时候自然见分晓。”村民们带着疑惑遵照宋就的吩咐去做了。

几天后，当楚国的村民发现魏国的村民不但没有破坏他们的瓜苗，反而帮他们浇瓜，羞愧得无地自容，自此之后再也没有做出毁坏魏国瓜苗的事情。

此事后来被楚国的县令知晓，将其上报给了楚王。楚王原本伺机攻打魏国，听说此事后，深受触动，随即主动派人给魏国送去很多礼物，以示友好，并对宋就和当地的村民的做法大加赞赏。宋就和当地的百姓也因为促进两国之间的和平而受到了魏王的重赏。

假如以怨报怨，会是什么结果呢？一种结果是让对方惧怕，但你也会付出极大的代价；另一种则是让对方更加怨恨你，从而招致更多的打击报复。不管是哪种结果，都不是理想的状态。冤冤相报不是理智的做法，想要化解冒犯，最好的解决之道是后退一步，让怨恨在宽容中得到和解。

唐朝有个布袋和尚，他出游的时候看到一个农民正在田里插秧。只见那个农夫一边插一边后退着，绿油油的秧苗便一株株地立了起来。布袋和尚看到此景，不禁感叹道："手把青秧插满园，低头便见水中间。心底清净方为道，退步原来是向前。"

田地里的后退是为了不把秧苗插歪；人生中的后退是为了避免行差踏错。现在的社会竞争日益激烈，很多人为了生存，不停地向前赶路，已经忘记了后退的姿势，这种状态是很危险的。在遇到争端的时候，后退一步，给自己一些冷静思考的时间，让自己拥有更加广阔的心境，才能做出更加睿智的决定。

世界上没有不犯错的人，如果能用一颗宽容的心去包容他人的冒犯，自然会赢得别人的感激与尊敬；如果凡事都斤斤计较，容不下一点过失，虽然为自己挣足了"面子"，实际上却失去了更多宝贵的东西。生活中，我们的确需要前进，但同时不能忘记后退——退一步，月朗风清。

第八章 厚道是自清自省

　　这世界光怪陆离，唯有不迷失自己的人，才能活出自己喜欢的人生。厚道不是糊涂混沌，而是自清自省。在诱惑名利前，在世俗言论前，在人际关系前，不随波逐流，不盲目跟从，不狭隘计较，彰显出独立的人格，这才是我们该选择成为的人。

|001| 诱惑无限，适可而止

厚道的人不会被眼前的诱惑蒙蔽，他们能透过现象看到本质，并且能够全面分析利弊，把问题解决掉。在诱惑面前淡定一些，让厚道为你保驾护航，才能拨开云雾见月明。

现实生活中，我们会遇到各种各样的诱惑。诱惑会让一个人的野心膨胀，当野心膨胀到无法抑制的时候，就会走上一条无法回头的路。所以，当诱惑出现的时候，厚道的人会选择让野心适可而止。因为他们知道，当野心脱离了掌控，人就只能沦为它的奴隶。

战国时期，孟子的名气非常大，家里经常宾客盈门。

有一天，他家中接连来了两位神秘人物，一位是齐王的使者，一位是薛国的使者。其中，齐王的使者带来一百两金子给孟子，说是齐王特意馈赠的。孟子见他话说到此没有了下文，就婉言谢绝了齐王的好意，使者无奈，只好走了。不久，薛国的使者也来求见，他给孟子带来五十两金子，说是薛王的一点心意，感谢孟子在薛国发生灾难的时候帮了大忙。孟子听了很高兴，吩咐手下人收下了金子。

孟子前后不一的举动让门客感到十分奇怪。陈臻率先提出了这个问题，他问孟子："齐王送你一百两金子，你不肯收；薛国才送了齐国的一半，你却接受了。如果你刚才不接受是对的话，那么现在接受就是错了；如果你刚才不接受是错的话，那么现在接受不是前后言行不一吗？"

孟子回答说："非也。薛国人给我金子，是因为我为他们出谋划策，平息了一场战争，我也算是一个有功之人，这些物质奖励是我应该得到的；而齐国人平白无故地给我那么多金子，是有心收买我。君子是不可以用金钱收买的，我怎么能收他们的贿赂呢？"

面对无故的恩惠，孟子不为所动。他知道哪些钱财是属于自己的，哪些钱财是不应该属于自己的。孟子的行为也是在告诫后人：在诱惑面前学会取舍，才不会给自己带来灾祸。

坦然地面对诱惑，也是厚道做人的一种体现。"质本洁来还洁去"，不必因为诱惑而强加烦恼于己身。有时候，我们会被眼前的利益蒙蔽双眼，等到时过境迁，我们就会发现，当初我们看重的之于整个人生而言是多么的微不足道，根本不值得你烦恼与夺取。

美国著名心理学家威廉·詹姆斯曾说过：“承认既定事实、接受已经发生的事实，放弃应该放弃的，是在困境中自救的先决条件。”是自己的，努力去争取；不是自己的，果断地放弃。如此，你才不会被困于欲望的窘境。

在一条河的岸边有几个人在钓鱼。

不一会儿，一名垂钓者钓上来一条大鱼，足有一尺半的样子，但是垂钓者却把鱼嘴上的吊钩取了下来，接着把大鱼扔进了海里。围观者都非常惊讶，他们认为这个垂钓者太贪心了，竟然连这么大的鱼都不要。过了一会儿，垂钓者又钓上来一条一尺的鱼，然而他又把鱼扔回了河里。如此再三，最终，垂钓者钓上来一条几寸长的小鱼，围观者都觉得他会继续把鱼扔回到河里，但出人意料的是，垂钓者把鱼留了下来，放到了鱼篓里。

围观者很疑惑，就问垂钓者为什么这样做，垂钓者解释说：“我家里的盘子最大的也没有一尺长，太大的鱼钓上来，就算带回去，盘子也装不下。”

很多时候我们会觉得大的、多的才是好的。其实，适合自己的是最好的。找到适合自己的梦想，才能品尝到胜利的喜悦；找到适合自己的人，才能体会爱有所得的甜蜜。我们有追求更好生活的权利，但却不能失去把控生活的定力。

一个人贪恋于钱财，就会被利益枷锁束缚，对褒贬毁誉斤斤计较、患得患失；一个人醉心于功利，就会为了争权夺利而陷入钩心斗角，将良知泯于心外。唯有舍弃无止境的贪欲，保有适可而止的理智，才不会失去人生的主动权。

厚道做人，心中应有一把尺，用以衡量自己该走的路，判断自己该做的事，永远不要让自己变成欲望的奴隶，更不要为了征服诱惑而丧失自己的底线和原则。

|002| 将聪明用对地方才是财富

懂得量才而用，知道自己能做什么，该做什么，才能取得成功。

有的人之所以一生碌碌无为，不是因为他们不够聪明，而是因为他们没有把聪明用对地方。“闻道有先后，术业有专攻”，你只有充分认识自己，了解了自己的优势和劣势，才能更好地发展。

还有一些人，他们足够了解自己，知道自己的才华与能力，但却没有将这份聪明才智用在该做的事情上。于是，遭受了失败，甚至招致了祸患。

东汉末年，杨修凭借其才思当上了曹操的谋士，官居主簿，典领文书、办理事务，但他却恃才傲物，数犯曹操之忌。

一次，曹操欲建造花园，在审阅设计图纸时在园门上写了一个“活”字，本是有意和工匠们斗智。工匠们不解其意，就去请教杨修，杨修一看便讥笑工匠们愚笨，并对他们说："门内添活字乃阔字也。丞相是嫌你们把园门造得太宽大了。"工匠们听后恍然大悟，于是重新建造了园门，完工后再请曹操验收，曹操验收后大喜，问道："谁领会了我的意思？"左右回答："多亏杨主簿赐教！"曹操听后，暗自埋怨杨修不识趣。

又一次，塞北有人给曹操送来一盒奶酪，曹操为了考考周围文臣武将的才智，就让使臣将那盒奶酪送给文武大臣。大臣们对曹操的用意百思不得其解，而杨修却把曹操的"一盒酥"给大臣们分吃了，还从容地回答："盒上明明写着'一人一口酥'，我们怎么敢违背丞相的命令呢？"曹操虽然喜笑，而心头却已经对杨修之才有妒忌之意。

为了防范有人夜间行刺，曹操常吩咐左右说："我梦中好杀人，凡我睡着的时候，你们切勿近前！"有一天，曹操在帐中睡觉，故意落被于地，一近侍慌取被为他覆盖，曹操即刻跳起来拔剑把他杀了，然后上床复睡。待睡醒后佯装惊问："何人杀我近侍？"大家以实情相告，曹操痛哭，命厚葬近侍。但没有想到的是，临葬时杨修指着近侍的尸体一针见血地说："丞相非在梦中，君乃试探耳！"

后来，曹操平定汉中时连吃败仗。欲进兵，怕马超拒守；欲收兵，又恐蜀兵耻笑，心中犹豫不决。适逢庖官进鸡汤，他就随口说了一句“鸡肋”，士兵们都不知道是什么意思，只有杨修马上开始收拾行李，并对别人说：“鸡肋食之无肉，弃之可惜。现在的战局也正是这样，进不能胜，退恐人笑，不如早归。我料定魏王来日必要班师，所以先收拾行装，免得临行时慌乱。”大家听了觉得有道理，于是也收拾起来。

曹操见杨修又猜透了自己的心事，顿时恼羞成怒，命人将杨修抓起来说：“你怎敢胡造谣言，乱我军心！”随后以“乱我军心”论罪，将杨修处斩了。

杨修虽然颇有才华，却将才华用在了抖弄小心思上。所以，其聪明才智没有为他带来功业成就，反而招来了杀身之祸。他看似聪明，实则是个只会浪费聪慧的愚笨之人。

一个人的聪明是优势，但只有懂得合理利用，才能发挥出它的价值。让聪明在擅长的领域闪光，将聪明用在该做的事情上，才能取得成功。厚道的人知道自己的目标是什么，明白自己的大方向，并且让自己的聪明才智向其靠拢。

厚道的人是有心的人，也许他们现在还没找到真正适合自己的方向，但是他们会让自己的内心安静下来，慢慢寻找，等到找到大方向的时候，他们就会把自己的聪明才智发挥到极限，努力去实现自己的终极目标。

|003| 敢于独立思考，不盲从权威

如果一个人总是不加分析地盲从他人，那么从严格意义上讲，他就不是一个人格独立的人。

哲学家告诉我们：世上没有两个完全相同的事物。也就是说，每个人都是有别于他人的。更进一步讲，在生活和工作中，我们可以有与他人不一致的观点和看法，可以按照自己的喜好展示自己，可以依照自己的方式确定人生目标。道理虽是如此，但回归到现实生活，很多人却做不到，尤其是当我们面对权威时。

午夜，一个护士在独自值班，突然有个病人病情发作，情况非常紧急，她马上打电话向医生求救，医生吩咐她立即给病人注射30毫升的药品，否则病人可能会有生命危险。

当这名护士跑到药房取药时，发现药品标签上清楚地写着正常用量是20毫升，过多可能会危及病人生命。根据以往

的经验，她也知道这种药是慎用药，从没给病人注射过30毫升的量。她有些犹豫，便再次打电话向医生确认，可是不知何因联系不上医生。

她不知道如何是好，是该听从医生的吩咐给病人注射30毫升，还是根据自己以往的经验注射20毫升？剂量对了就挽救了一条生命，剂量不对或不注射就可能害死一条性命。

如果你是这名护士，你会怎么做呢？很多人的回答都是听从医生的吩咐，理由是医生比护士更权威。这个假设性问题引导我们发现，类似这种矛盾的、难以选择的问题，在生活中很常见，我们也常常被其困扰。通常情况下，我们也更愿意听从权威的指挥。

对此，美国耶鲁大学心理学家米尔格伦曾做过一个实验。他让被试验者充当“老师”的角色，让自己的助手充当“学生”。如果“学生”犯错，他便命令“老师”电击（事实上并没有电击产生，“老师”和“学生”分处不同房间，他们不能看到对方，但能隔着墙壁以声音互相沟通）“学生”每犯一次错就被电击一次，而且电压会随着错误的累积而逐渐增强。

电击每发出一次声响，大家就能听到“学生”痛苦的喊叫声（实际上由助手事先录制）。随着“学生”的叫声越来越惨烈，“老师”也愈发感到不安，不忍心再去电击“学生”，纷纷向米尔格伦提出抗议，但米尔格伦并没有理会他们的抗议，而是要求他们继续电击。结果，大多数老师选择了服从，即使有的“老师”事先已经被告知有“学生”患有心脏疾病。

由此，米尔格伦得出结论：如果一种行为是由权威规定的，那么人们在做出这种行为的时候就会想当然地认为自己可以不用对此行为负责，也正因为不用负责，所以人们选择了服从权威。不管这个权威是正确还是错误，只要服从就可以心安理得。

但我们要知道，权威并非真理，如果我们对它产生怀疑后还是盲目地服从，那么就等于丢弃了自己。每个人都有着自己的价值观、信念感和道德观，这些观念和思想虽然有时会与别人不一样甚至互相矛盾，但这并不代表我们就需要为了迎合他们而委屈自己。进行独立的思考，才能避免被所谓的权威信息所误导；坚定内心的判断和选择，才能活出真正的自己。

|004| 把他人作为完善自己的镜子

当判断一个事物的优劣时，我们通常都会找一个参照物，通过与参照物的比较来做出判断。当需要判断我们自身的优势与不足时，我们也可以找一个参照物，这个参照物就是他人，我们能从他人身上看到自己的不足和错误，让自己免于走错路。

《墨子·非攻》中有言："君子不镜于水而镜于人。镜于水，见面之容；镜于人，则知吉于凶。"唐太宗曾说："人以铜为镜，可以正衣冠；以古为镜，可以见兴替；以人为镜，可以知得失。"此二者说的是同一个道理：一个人可以从别人的身上得知自己的正误。

圣诞节前夕，罗琳娜的姐姐买了一辆价值不菲的汽车送给她，算是圣诞节礼物。罗琳娜的姐姐非常富有，所以这份礼物对姐姐而言并不费力，罗琳娜也接受得心安理得。

圣诞节前夜，罗琳娜准备开着新车到妈妈那里，和姐姐一起过圣诞节。走出房门，罗琳娜看到一个小男孩正在看她的新车。见罗琳娜走过来，小男孩问罗琳娜："小姐，这是你的车吗？真漂亮！"

罗琳娜毫不在意地答道："哦，是的，是我姐姐送给我的圣诞节礼物。"

"你是说这辆车是你姐姐白送给你的？"小男孩吃惊地瞪大眼睛问道。

"哦，这没什么，反正她有的是钱。"

小男孩用羡慕的眼光盯着车，喃喃说道："我希望我将来也能……"

罗琳娜以为他接下来会说希望像她一样能有人送给他一辆车，可是小男孩却说："像你姐姐那样，有能力送给我妹妹一辆漂亮的汽车。"

罗琳娜愣了一下，她看着小男孩，邀请他上车兜一圈儿。小男孩接受了邀请，还请求罗琳娜把车开到他家门前一下。罗琳娜笑了笑，以为小男孩想在邻居小孩面前炫耀一番。

车在小男孩家门前停稳后，小男孩便飞奔回家，不一会儿，他背着他那个腿有残疾的妹妹出来，指着罗琳娜的车高兴地对妹妹说："艾米尔，等我将来长大了，也给你买一辆这样的车，这样你就可以坐在车里去任何地方了。"艾米尔很高兴，她一边用手轻轻抚摸着罗琳娜的车子，一边和哥哥讨论起将来要怎样装饰自己的车子。

罗琳娜看着兄妹俩，突然想到了自己和姐姐。曾经，她的姐姐也对她说过，将来也会送很多很棒的礼物给她，如今姐姐实现了自己的诺言，可是作为妹妹的她却误解了姐姐的心意，以为这是姐姐对自己窘迫境况的嘲讽。因为罗琳娜的生活一直很不如意，以致变得非常敏感，和姐姐之间的关系也因此越来越糟糕。

在回家的路上，罗琳娜到商店里为姐姐精心挑选了一份礼物。回到父母家，罗琳娜给了姐姐一个紧紧的拥抱，并把准备好的礼物送了出去。这是多年来罗琳娜第一次送礼物给姐姐，姐姐激动地流下了眼泪。

罗琳娜从心底里感激那个小男孩，因为小男孩就像一面镜子，让她重新看到了亲情的珍贵和温暖。

励志大师卡耐基说过：愚者才会仅仅从自己的经验中获取教训和智慧，智者则懂得学习并活用别人的经验。也就是说，我们不仅要避免重蹈覆辙，更要懂得以人为镜，从别人身上汲取有助于自身的经验教训，如此一来，成功的概率就会更大。

除了他人的经验教训，他人对我们提出的意见也可以成为我们观察己身的镜子。很多人会陶醉于自己的长处，对自己的缺点视而不见，甚至逃避。如果有人批评自己，不但不认真反省，还气急败坏地怨恨对方。这其实是非常不明智的行为。

一个善于从别人的批评中汲取营养的人才是真正有智慧的人，因为他们深知以人为镜的道理。一个人的认知力和自省力是有限的，不可能仅凭自己就能做到时刻自省，也不可能看到自己全部的不足。俗话说："不识庐山真面目，只缘身在此山中。"那些你所看不见、想不到的地方，别人也许就能看得清清楚楚。通过他们，你就可以突破自己的这一局限，从而实现自我的进一步完善。

|005| 先为自己而活，才能与别人相融

在我们主动讨好他人的时候，很容易失去自己。与其辛辛苦苦地讨好他人，还不如先讨好自己，依据自己的内心做人做事。

虽然很多时候我们要善于忍耐，但这并不意味着我们要一味地讨好他人。不可否认，有时候，我们为了拥有更融洽的人际关系，即使自己心中满是委屈，也不得不去讨好他人。我们会觉得这样做就可以达到息事宁人的目的，可事实上却不尽然，很多时候不但没达到目的，反而搞得自己很不开心。这是因为，在我们主动讨好他人的时候，大多是抑制了自我的某些意愿。因此即便得到了自己想要的，却是以失去自我为代价的，这又有什么意义呢?

姗姗小的时候，她的父母在外地做生意，她一直跟着爷爷奶奶生活。生活圈子狭窄使她缺少玩伴，因此她不太善于与

人交往。高中毕业那年，姗姗如愿考入自己理想的大学。想到要与那么多陌生的人接触，她不禁有点担忧。来到学校后，姗姗懵懵懂懂，不知道该怎么和人说话，特别是发现其他同学很快就彼此熟识了，而自己却被孤立在群体之外。

为了摆脱这种失落感，姗姗开始不自觉地讨好他人，希望他人能接受她。比如，她会刻意地要求自己对遇到的同学打招呼，如果没被别人注意到，或者发现别人一点儿也不热情，她会感到很伤自尊。又比如，对于别人的事情，姗姗都尽可能地帮忙，也不管自己是不是有需要马上去做的事。

同时，姗姗不允许自己不喜欢别人，一旦发现自己不喜欢某个同学，她就挖空心思地想人家的好处，非得让自己喜欢上对方不可。姗姗认为，只要她喜欢对方、热情地和对方接触，那么对方也一定会喜欢自己。

就这样，姗姗对周围的一切都很敏感，整天都处于紧张状态之中，学习时也很难静下心来，甚至觉得生活也没什么意思。

故事中的姗姗是个善良的女孩，但她这种讨好人的做法显然有些过头，以致失去了自己的生活，实在得不偿失。她不知道，生而为人，首先应该为自己活着，然后才是与别人相融合，只有将生活的重心从别人转移到自己身上来，才是正常的生活状态。

那些在生活中太过讨好他人的人往往会忽略了自己，同时也更容易被别人忽视。无论我们面对的是朋友还是同事，抑或是陌生人，在行动之前，先在心里掂量一下：自己是心甘情愿去这样做，还是有违原则、被强迫去做的？如果这样做了，日后自己会不会后悔？想明白之后再决定到底要不要做。只有真正发自内心的帮助，别人也才能受之无愧。

与其辛辛苦苦地讨好他人，还不如先讨好自己，依据自己的内心去做人做事。只有这样，你才会拥有一个开朗、洒脱、自信、乐观的心境，才能够拥有和谐、融洽的生活氛围。永远记得，凡事要按自己的行为准则和做人原则去把握，时刻不要忘了珍惜自己。

第九章 厚道是敢于承担

在社会生活中，每个人都有属于自己的一份责任，履行它，才能保证工作顺利进行、社会井然有序。成功没有捷径可走，唯有承担起自己的责任，才能取得应有的收获。一个人的威信也不是凭空而来，它是无数次挺身而出换来的信念。

|001| 比别人多做一点点

只有比别人多做一点，我们才能获得更多的机会，而这也正符合“付出多少就得到多少”的因果法则。

有些人会花费大量的时间和精力去寻求成功的捷径，却不肯花一点时间和精力多做一些本职的工作。殊不知，有所成就的人，其成功就在于愿意比别人多做一些。多做一些就会多收获一些，就会离成功更近一些。所以，要想比别人优秀，你就要抱着不怕吃亏的心态，坚持比别人多做一些。

段洪波是个20岁出头的小伙子。春节刚过，他就从陕西老家来到北京，进了一家快递公司做快递员。

对于这份工作，段洪波有自己的坚持。比如，不管多累，他都会把自己打理得精神整洁，他的鞋子永远都是干干净净的。对于每一份快件，段洪波都认真对待，签收的时候，他会先确认签收人的身份，等对方打开，确认物品无误后再离开。

就因为他在这些事情上耽误了时间，所以送的快件会比同事们少一些，赚的钱自然也少一些。不过，因为段洪波服务热情，而且总是衣着整洁，人们很快记住了他，一旦有快件，就会不自觉地想到他。

“五一”放假前一天，段洪波有些腼腆地提着一袋草莓敲响了一家公司的门：“我的第一份业务是在这里拿到的，为了感谢大家对我工作的照顾，所以给大家送点儿水果，祝你们劳动节快乐。”这袋草莓是在街边小摊上买的，个头不是很大，但收到礼物的人都很开心。段洪波只是一个吃辛苦饭的快递员，大家只是无意地让他接了几次活，实在谈不上谁照顾谁。人们都说，这小子笨得还挺有人情味儿的。

也许是因为他的草莓，他的人情味儿，以后再有快递信件和物品，这家公司的人都会打电话找他，还顺带把他推荐给了其他公司。

于是，段洪波更忙碌了，每天马不停蹄地送快递。就这样，段洪波在快递岗位上一干就是三年。这么简单的快递工作，他做得比别人都辛苦，可这样辛苦地工作，他却没有丝毫抱怨。有一天，那些老客户发现来拿快件的换了一个更年轻的男孩，打听后才知道，段洪波已经成为主管了。

段洪波是如何把一份普通的快递工作做出价值来的呢?他只是比大多数快递员多用心一点点，多努力一点点，想法多一点点，而正是这多做的一点点，使他能超前别人一大步，使他获得比别人更丰厚的回报。

一个人要想在一个群体中站稳脚跟，就要做到比别人多做一点。当然，很多时候，你的投入并不能立竿见影地换来相应的回报，但不必气馁，只要能坚持下去，就会有收获。就像下面案例中的主人公小卫一样，坚持就能完成人生的晋级。

小卫刚进入这家公司时，只是个普通的职员，但不到5年的时间，他已经成为郑老板的左膀右臂，担任了分公司的执行总裁。

说到自己的成功之道，小卫总是强调:“到这家公司之后，我发现每天下班后，所有人都离开了办公室，而郑总仍然待在办公室里继续工作，于是我决定下班后也多留一会儿。尽管没有人要求我这样做，但我觉得我应该留下来，万一郑总有什么需要，我可以为他提供一些帮助。我注意到，郑总加班时经常找文件、打印材料，后来慢慢地，他就发现我在等待他的召唤，再后来，他就干脆直接召唤我，让我去帮他做这些事。在做这些事的过程中，我学到了很多，这为我做其他工作打下了很好的基础。”

一个普通的职员能够在几年之内升到分公司执行总裁的位置，除了其较强的业务能力，更多的肯定是领导的信任，而这些正是“多做一些”的这种“吃亏”行为换来的。不仅大卫如此，其实我们每个人都一样，多做一些实际上是增加我们个人附加价值的好机会，也是让我们迈向成功的坚实基础。

俗话说，“付出总有回报”，无数卓越人士的成功案例都对此做过最好的佐证。想要取得成功，不仅需要做好自己的本职工作，更要不怕吃亏，坚持比别人多做一些，如此一来，早晚会有意想不到的收获等着你。

|002| 主动解决他人绕开的问题

做一个善于发现问题、解决问题的人，尤其是面对他人不愿意解决或解决不了的问题，这会助你走向更大的成功。

困难就像人的影子，在我们一生的成长轨迹中，总会遇到一些困难，出现一些问题，每当这个时候，你都不能逃避。做人首先要做一个勇敢的人，无论是在生活中还是职场中，都要去做一个勇敢不惧的人，要学会在困难面前直行。

通用电气公司董事长兼首席执行官杰克·韦尔奇有一句名言："要么奉献，要么滚蛋。"他的工作作风是："在其位，谋其政，不要找任何借口说自己不能够、办不到。"他自己如此，要求他的下属也要这样做，不能因为干不好工作而找理由推脱责任、逃避问题。

一次，一个员工为了一件极难办的事找他，说自己尽力了，并说出许多客观理由。就在杰克·韦尔奇犹豫要不要换其他人去做这件事时，另一位年轻的员工来找他，主动要求办这件难办的差事，杰克·韦尔奇对这位员工的行为很是赞赏，因为这件事的确不是那么好办。他把这个任务交给了这个年轻人，又暗暗为这个年轻人担心，但是他还是鼓励了他："只要足够用心，任何困难都是可以解决的，相信你会做得很好！"

果然，这位年轻的员工没有令杰克·韦尔奇失望，他不仅把问题解决好了，为公司留住了一位大客户，还直接签回了一单大生意。杰克·韦尔奇很高兴，从此他再也没有忽视这个年轻人，而这个年轻人就是后来接替杰克·韦尔奇，担任通用公司董事长兼首席执行官的杰夫·伊梅尔特。

我们应该主动解决他人绕开的问题，这样才能获得比他人更多的锻炼和提高的机会。然而，在工作中，并不是每个人都有这样的意识，这也就决定了有的人可以一步步得以提升，而有的人只能原地踏步甚至倒退。

一个人对待问题的态度可以反映出他的职业道德，也可以反映出他能成就怎样的事业。在有些人眼里，困难是危机，而在有些人眼里，困难就是机会。敢于主动挑战难题，是一种勇气，也是一种智慧。善于发现问题并解决问题的人总是会得到比其他人更多的机会，当然也会有更多的收获。

|003| 危急时刻不退缩，尽一份心力

永远不要抱着“事不关己，高高挂起”的心态，而应该亮出自己的本事，尽自己的一份力，这样才能救他人于危困，也能让自己得到别人的尊敬和赏识。

自古以来，人们总是对英雄崇敬有加，因为他们总能在关键时刻挺身而出。因为关键，所以就显得战功卓著。如果他人没想到的办法你想到了，别人完成不了的任务你完成了，尤其是在上司火烧眉毛时，如果你能给他们一个惊喜，想不被领导铭记于心都难。

常言道：“疾风知劲草，烈火炼真金。”关键时刻是最能体现一个人能力的时刻，尽管你平日默默无闻，但如果能在关键时刻替领导解决难题，所有人都会对你刮目相看。

一天早晨，美国宾夕法尼亚州一座停车场的调车场线路因为偶发事故陷于一片混乱。普通电信技工卡耐基一大早来上班，发现

车场如此混乱，急得如热锅上的蚂蚁。此时他的上司还没有来，没有经过上司的批准，他是不能擅自处理问题的。可是调车场的线路已经乱作一团，如果再不及时处理，将会引发更大的麻烦。

当时在场的电信工不止他一个，他完全可以对这个问题置之不理，等上司到来后再听令行事。按照公司规定，擅自处理，等待他的结果很有可能就是卷铺盖走人，甚至还可能被判刑入狱。然而，卡耐基没有选择做旁观者，他代替上司下达了处理命令。

当上司来到办公室时，问题已经得到了解决。上司知道卡耐基的行为后，对他大加赞赏，并把他的此举报告给了公司总部。总裁知道后，立即把他调到了总公司，连升数级委以重任。从此，卡耐基的职业发展便一路扶摇直上。

很多时候，人们之所以不敢在关键时刻表现自己，并不是因为能力不足，而是出于一种担心或自卑，担心“枪打出头鸟”，或是没有足够的自信挺身而出。

可是，你要明白，“智者千虑，必有一失”，你的上级再有能力，他们总归是人，也有疏漏弱势的时候，当你发现他们此时没法解决的问题，恰好你能助上一臂之力的时候，就要鼓足勇气，大胆提出你的解决方案。

霍翔宇是西安一家机械厂的普通技术员，一次，厂里的电机坏了，全厂陷入停电的局面，好几个技术员研究了半天，就是找不到毛病。负责安全生产的张厂长对秘书说："去请纺织厂的孙工程师吧。"秘书答应着，正要走的时候，霍翔宇站出来了，他说："张厂长，要不我来试试吧。"

霍翔宇是个典型的西北汉子，大个头、黑脸庞，穿着沾满油污的藏蓝色工作服，怎么看也不像是个能解决问题的人，因此，许多人都不看好他，厂长也有所怀疑地问道："你有多大把握？"

霍翔宇很自信地回答说："请您给我两天时间，我保证修好。"

就这样，厂长在别无他法的情况下，半信半疑地把这个任务交给了霍翔宇。

霍翔宇马上开始了工作。白天他围着电机转悠，这儿看看，那儿敲敲，晚上，他就睡在电机房里。就这样，48个小时很快过去了，人们见他还不拆电机，于是更加深了对他的怀疑，有的同事还笑话他说，没有金刚钻就别揽瓷器活儿。

厂长也劝他："不行就算了吧。"

可是，霍翔宇笑着说："别急，今晚您就知道结果了。"

当天晚上，霍翔宇叫人搬来梯子，他爬到电机顶上，用铅笔在一处画了个圈，说："毛病就在这儿，线圈烧坏了！烧坏了 20 圈。"

听他这么说，技术工人们有点儿半信半疑，不过还是想看个究竟，就爬上电机顶看了看。一看果然如此，毛病找到了，电机很快就修好了，整个机械厂恢复了生产。

事后，张厂长问霍翔宇为什么能找到毛病，霍翔宇说："其实，我只是用我所掌握的专业知识去解决问题、找毛病，没什么神奇的地方。"

通过这件事，张厂长感觉到霍翔宇这个小伙子是个难得的人才，如果把他调到技术部门，一定能发挥他的才能。于是张厂长一纸令下，将霍翔宇从原岗位升任为技术部顾问。

霍翔宇的挺身而出为领导解了燃眉之急，而他自己也因此获得了提升。应该说，在面临危难的时候，能够挺身而出拯救团队的下属，定会得到领导的重视及赏识。

所以，在团队中，我们不要抱着"事不关已，高高挂起"的心态，而应该尽自己的一份力，既能救他人于危困，也让自己得到锻炼，受到别人的尊敬和赏识。既然如此，当机会来临时，你就果断出击，干脆利落地亮相吧。

|004| 积极挑战困境，不给自我设限

在困难面前，只有敢于和自己较劲，对自己狠一点，才能让自己成为一个不服输的“千斤顶”，也才能克服横亘在眼前的困难。

在同样的困难面前，总有人咬牙坚持着，直至找到解决问题的办法，也总有人中途退却，困难也就永远成了苦难。西方有句名言:“思想决定命运。”不敢向有难度的工作挑战，就是对自我的设限，这种思想会让一个人的潜能被压制，会让未来的发展被限制。勇于向“不可能”挑战的精神、信心和勇气才是事业成功的关键。

在广告界有着“鬼才”之称的资深策划人叶茂中曾这样说过:“在人生的某一阶段，对生命负责的态度就是玩命，只有你对自己残酷一点儿，别人才会对你好一点儿。”

经他策划的品牌，成功者不胜枚举：柒牌男装年销售额

增长了5倍之多；维生素糖果——雅客V9成为了维生素糖果的领袖品牌，成交额逾10亿元；2004年，他策划的361°运动鞋的品牌推广，帮助其企业完成了销售额从7亿～15亿元的飞跃……

对于何以取得如此傲人的成绩，叶茂中表示，他只是能够做到对自己要求多一点、狠一点罢了。叶茂中笑言，做广告的人必须要有“自虐”倾向，人只活一次，选择营销就选择了战斗，选择了战斗就不能羡慕后方的宁静。为了想出好的创意，叶茂中和他的团队经历了一个又一个不眠之夜，叶茂中要求自己和员工想不出好的创意方案就不下班，想不出来就一直想，直到想出来为止。

正是在这种严酷的要求下，一个个创造出奇迹的案例诞生了。叶茂中说他的创意是被自己逼出来的，做广告就是99%的痛苦加1%的快乐，追求的过程是漫长痛苦的，但是很值得去做，为了那最后的快乐。

我们身边不乏这样的人：他们博学多才，知识水平和专业技术备受肯定，但是他们身上有个致命的弱点，就是不敢向未知的难度挑战。他们工作的时候总是循规蹈矩、谨小慎微，当遇到麻烦事的时候，他们总是习惯权衡后逃避。这样的人活得安全，也活得受限，他们在达到一定高度后就难有大的突破，自然也难有大作为。在一定程度上，他们浪费了自身的才华。

任何人都不是生下来就什么都会做，我们都是在不断突破原有的极限中成长、成熟起来的。很多事情你看起来很难，想起来更难，但当你真正开始做了之后，你会发现它变得简单了。成功取决于你的能力，也取决于你不放弃努力的决心和行动。

|005| 努力做好每一件小事

完成一件不起眼的小事也能实现工作中的大突破，每一件小事都值得你竭尽全力地做好。

我们经常被教育要胸怀壮志，要做成大事。于是，在很多人的意识里，对于那些细微、琐碎的小事便不会予以重视。其实，不管在生活还是在工作中，小事都发挥着重要的作用，只不过小事的存在感很低，这导致我们对小事习以为常，从而忽略了小事的力量和价值。

实际上，任何大事都是由小事组成的，换句话说，任何一件小事都事关大局。如果在一件小事上失误，那么很可能就为全局埋下失败的隐患。这样一来，不仅会给当事者本人带来严重的后果，而且会给他人、给集体造成损失和失败。

孙晨立是广州一家服装厂的销售人员。有一次，他为公司订购了一批牛皮，在合同中写到："每张大于5平方尺、有疤痕的不要。”令孙晨立没想到的是，仅仅是一个顿号的差错就给公司造成了巨大的损失。因为，合同中的这句话本来应该是“每张大于5平方尺，有疤痕的不要”。

还有一个类似的案例。

英国曼彻斯特有一位商人给苏格兰的客户发电报报价：“10万吨大豆，每吨500美金。价格高不高？要不要？”苏格兰的那个商人原意是要说“不。太高”，可是他在电报里少写了一个句号，内容就变成了“不太高”。就这样，对方给他发了货，而他也只能无奈地收下。

很多人认为做大事者不拘小节，于是对小事情不在意，殊不知，很多事故的起因都是那细小到微不足道的瑕疵。小瑕疵会导致大损失，同样地，小努力也能带来大成功。关键在于你是否愿意去做。不看轻任何一项工作，不要忽视一点一滴的小努力，渐渐地你会发现，成功正在慢慢向你靠近。

美国的一家牙膏公司有个被称为“每支两美元先生”的

小职员。他之所以会有这个奇怪的绰号，是因为他无论签什么账单，都会在账单的右下角注上公司的名字和“每支两美元”的字样。渐渐地，他的真名字便没人叫了，大家都戏称他为“每支两美元先生”。

不久，这件事情就传到了上司耳朵里，他很高兴自己的员工如此热衷宣传自己的公司，更认为这个“每支两美元先生”是个拥有着无限潜力的人。后来，上司离职的时候，很放心地把自己的职位交给了这个职员。在这家公司，有很多比“每支两美元先生”职位高、能力强的人，但上司认为，这件小事足以证明“每支两美元先生”有着足够的管理好公司的能力。

每个人所做的工作都是由一件件小事构成的：客服人员每天要不断地拨打和接听电话，部队里的士兵每天要进行队列训练、战术操练，财务人员要经常整理报表、核算开支，酒店服务员每天要整理床铺、打扫房间……总之，每个人都在各自的岗位上做着一件件小事，而这些小事往往决定了一个人工作能力的强弱、职业态度的优劣。

所以，即使面对周而复始的小事情，你也不要感到厌倦，不要觉得这些小事毫无意义而提不起精神。我们要告诉自己：工作之中无小事，要想把每一件事做到完美，就必须付出足够的热情和努力。

|006| 责任感永远不可缺失

> 无论你具有怎样的性格——是天生就有很强的抱负心，还是满足于安逸——都不能丢失内心的责任感。解决问题，就是责任感的一种体现。当问题出现在你的面前时，你要做的就是去解决它、克服它。

在职场中，有的人面对问题会心生埋怨：为什么偏偏我这么倒霉，总遇到这么麻烦的问题？有的人面对问题会小心琢磨：这件事在我的负责范围内吗，凭什么往我头上推？还有的人面对问题会仔细考量：解决了问题，我能获得什么好处……诸如此类，不一而足。实际上，这些想法都指向了一个问题——缺乏责任感。

缺乏责任感的人喜欢在问题面前把自己置身世外，靠推、拖等来解决问题，结果要么让问题悬而未决，要么在做的时候大打折扣，不仅耽误了团队的发展，还影响了自己的前途。与之相反，那些有责任感的人在遇到问题时，首先想到的不是逃避，而是自己用什么方法才能把问题彻底解决掉，既不会给别人造成麻烦，还会为团队减少损失。显而易见，这才是一种积极的面对问题的态度。

江浩斌在一家外企市场部工作。有一次，公司要和一家跨国集团谈一笔合作，双方商定在元旦期间去三亚度假。由于当时正值旅游高峰，三亚的房源非常紧张。江浩斌的公司和客户一行将近 20 人，因为要谈公事，所以必须住在同一家宾馆。

原本江浩斌订的是五星级宾馆，但是客人到达之后宾馆已经住满了，只剩下四星级的，没办法，江浩斌代表公司再三向客户道歉，说明缘由后，选择了一家四星级的酒店。可是，问题出现了，在客户中，有一对夫妻一直是住五星级宾馆的，他们很难接受这样的安排。为此，这对夫妻非常生气，并且坚决表示不会住进去。见此情景，江浩斌再次向客户道歉，并晓之以理、动之以情。但是到最后，嘴皮子都磨破了，这对夫妻就是不同意。

这时，江浩斌打算向领导汇报情况，但是时间已经晚了，公司那边早已下班。江浩斌不想因此再惊扰忙碌了一天的领导，于是他决定由自己来解决问题。他先是请两位客人到咖啡馆稍微休息一下，然后表明自己会为他们找五星级宾馆，两位客人这才消了点怒气。

随后，他打了不下20个电话，终于有个同学帮他找到了一家五星级宾馆，正好那边有一个空房间。但是酒店提出了一个条件：因为是临时调配房间，所以还要多交一定的费用。尽管如此，江浩斌仍然毫不犹豫地答应下来，并自己垫付了费用。

住宿问题如愿以偿解决，这对夫妻很满意，高兴地住了进去。在未来的几天里，双方的谈判非常顺利，并且签下了合作协议。三亚之行结束回到公司后，领导知道了这件事，对江浩斌大加赞赏，不仅给他报销了多出的费用，而且还给他加了薪，对他颇为看重。

故事中的江浩斌之所以能够博得领导的肯定，是因为他身上体现了一种负责任员工的良好品质：只要是团队的问题，就是我自己的问题，绝不能因为种种困难而推诿，更不会因计较自身的利益得失而放弃解决问题的时机。在职场中，哪个领导不喜爱像江浩斌这样的员工呢？哪个人不愿意与这样的人合作呢？

一个人的责任感，一方面体现在问题当前不推诿，另一方面体现在错误面前不逃避。其实，犯错并不可怕，可怕的是在犯错之后不是寻求补救的方法，而是绞尽脑汁地想一切可能

用到的借口。很多人以为，承担责任意味着面临惩罚，沉默和合理的托辞有助于其逃脱责任。而实际的结果却往往与其预料的相反。

高佳棠是某公司的会计。一次，他在做工资表时给一个请病假的员工定了全薪，忘了扣除他请假那几天的工资。工资发下去后，高佳棠才发现自己的错误，他只好找到这名员工，告诉他下个月要把多给的钱扣除。

但是，这名员工说自己手头正紧，请求分期扣除，但如果这么做的话，高佳棠就必须请示他的上司，这也就意味着上司会知道高佳棠犯的错，并且可能会因此而恼怒，扣除他的奖金。高佳棠再三考虑后，还是敲响了上司办公室的门，向上司承认了自己的错误。

但上司说:“这不是你的错，人事部门该承担责任。”高佳棠急忙说:“不，工资是我定的，是我的错。”上司又说:“不是，你们部门领导应该负全责。”高佳棠辩解道:“经理的事情太多，这都是我一个人做的。”上司听后高兴地对高佳棠说:“好样的，我这样说，就是想看看你承认错误的决心有多大。好了，现在你去按照你自己的想法解决这个问题吧。”

从那以后，上司更加器重高佳棠了。

不找借口、敢于直面错误的人不但能够使原本错的事情得到缓解，而且还会因为责任感得到领导的赏识和信任。相反地，如果不直面自己的错误，而是隐藏，隐藏不了就找借口，那么很可能会使原本错的事情扩大化，造成更大的损失。

错误并不是一个贬义词，它也意味着新的提升与机会。美国“氢弹之父”爱德华·泰勒具有极好的自我纠错习惯，他经常兴致勃勃地谈起自己的某个最新见解，不久后又会毫不留情地自我否定。尽管他的十个见解中往往八九个都是错的，可是他凭借有错就纠的好习惯却能够沙里淘金，做出了不平凡的成就。

勇于承认错误并努力改正，会令你的职业生涯少一些磕绊，多一些坦途。也许，那些在问题出现时主动承担的人的做法看上去有点“傻”，因为这样必然要面临更多的困难和失败，但这样的人往往会获得更多的合作机会，因为人们所欣赏的正是这种在问题和错误面前敢于承担、勇于反省的合作者。

第十章 厚道是不怕吃亏

索取和给予，这两种截然不同的做法反映出人们不同的价值选择和思想定位。正所谓“将欲取之，必先予之”，厚道的人不怕吃亏，所以他们能不计较一时长短，不在乎个人得失，怀着简单且纯明的心，先向他人给予善意，而这也为他们带来了长久的福报。

|001| 付出比索取更令人快乐

赠人玫瑰，手有余香。那些乐于付出者必然会以自己的宽广胸怀和古道热肠赢得他人的尊重与信任，收获人生中宝贵的精神财富。

有的人认为，活着就是不断索取的过程；有的人则恰恰相反，觉得活着是一个不断付出的过程。那么，到底哪种人生更能够让人感到满足和快乐呢？

一位男子坐在一大堆金子旁，伸出双手向路人乞讨。这时候，一位智者向他走来，男子同样伸出双手。智者问他："你都拥有一堆金子了，为什么还乞讨？"这位男子叹了口气，说："虽然我拥有如此多的金子，但是我仍然不满足，我乞求爱情、荣誉、成功。"于是，智者从口袋里掏出爱情、荣誉和成功送给了他。

一段时间过后，智者又从这里经过，又看到那位男子坐在一堆金子上向路人乞讨。智者问他："你所求的都已经有了，你还有什么不满足的吗？""虽然我得到了那么多东西，但是我还是不满足，我还需要快乐和刺激。"男子说。听完，智者又把快乐和刺激也给了他。

一晃又是一段时间过去了，智者从这里路过，看见那个男人仍然坐在一堆金子上向路人伸着双手。智者又问了同样的话，男子苦恼地说："我还是不能感到满足，请您把满足赐给我吧！"智者笑了笑，说道："你需要满足吗？那么，请你从现在开始学着付出吧。"

一段时间过后，智者再次从此经过，只见这个男人站在路边，他身边的金子已经所剩无几。原来，男子把金子给了衣食无着落的穷人，把爱情给了需要爱的人，把荣誉和成功给了惨败的商人，把快乐给了忧愁的人，把刺激送给了麻木不仁的人，现在，他几乎一无所有了。

智者问他："你现在满足了吗？"

男子微笑着说道："我满足了！原来，满足就藏在付出的怀抱里啊。当初我只想得到更多，以为只有那样我才满足，可是始终没能如愿，反而越来越不满足。而当我付出时，我为自己的人格自豪，为人们投来的感激的目光而满足。谢谢您，是您让我知道了什么是真正的满足、什么才是真正的获得。"

过去，我们一直以为拥有可以让自己快乐，于是我们不断地从他人那里索取。但慢慢你会发现，一定程度的拥有可以带来快乐，但超出限度的拥有却无法带来等值的快乐。有形的物质带给一个人的精神价值永远是有限度的，想要获取更多的精神财富，你需要学会付出，将手中拥有的东西或能力，通过有意义的方式，传递给他人。

护士安雅莉在医院工作已经有5个月的时间，自从参加工作以来，她就很少笑。主要原因是她在烧伤科工作，每天面对不同程度的烧伤皮肤，安雅莉有时候连吃饭的胃口都没有，更别提微笑了。所以，她每天一上班便心情郁闷，拉长着一副脸，以致大家背地里都叫她“冷面护士”。

可是，忽然有一天，大家发现安雅莉有些不同了，她脸上郁闷的神情不见了，嘴角挂着微微的笑意，就连走路也没了往日的颓靡，多了份轻快。大家纷纷猜想，难道她恋爱了？

原来，安雅莉的改变是因为某天早晨发生在公交车上的一件事。

那天早晨，安雅莉和往常一样准备搭乘公交赶去医院上班。公交车来了，安雅莉正要踏上车，走在他前面的一个男孩却停住不走了，尴尬地站在投币箱前使劲地翻自己的口袋和背包。后面的人陆陆续续都上了车，男孩还在尴尬地找钱。从他焦急的神态中看得出，大概是出门太着急，粗心大意忘带钱包了。

安雅莉就站在投币箱前，看见男孩焦急的样子，二话没说就从钱包掏出一个硬币给男孩。男孩犹豫了一下，万分感激地接过来投进了投币箱。“得救”的男孩不好意思地一再向安雅莉道谢，车里一个老太太也禁不住对安雅莉夸奖道：“这姑娘心眼儿真好，小伙子可别错过了啊！”说完，一车的人都善意地笑了。安雅莉虽然嘴上一直谦虚地说没什么，可是心里却甜滋滋的，这是她工作几个月来最开心的一天。她发现，原来给予别人一点小小的帮助也可以收获这么多的快乐。

来到医院，她开心的情绪还在延续，帮病人测体温、送药、搀扶他们上厕所，这些在她之前看来枯燥琐碎的工作在那天似乎都变得有意义起来。因为每每帮助他们，安雅莉都会发现病人们对自己报以感激的微笑，他们的微笑让安雅莉倍感欣慰和快乐。

从此之后，安雅莉改变了，她不再总是板着一张冰冷的面孔面对病人，而是报以真诚的微笑。在人们眼里，从前的冷面护士不见了，取而代之的是一个温柔快乐的白衣天使。

为什么会有乐于助人的美谈，因为帮助别人不仅给予了被帮助者方便，还会让施助者自己拥有成就感和自豪感，这种成就感和自豪感会使我们感到快乐。

从某种意义上讲，付出本身就是另一种形式的获得。或许有人会奇怪：付出是给予，获得是接受，把付出看作获得岂不是矛盾吗？想想看，当我们帮助同事解决困难，我们会收获同事的感激；当我们照顾久病的家人，我们会收获家人的健康和家庭的温情；当我们为灾区的孩子尽己所能地捐献物资，我们会收获孩子们的笑脸和自己良心的慰藉……

凡此种种无不表明，付出并不单单是向外流出我们的利益，与此同时，我们也收获了由付出所带来的回报，只不过形式有所不同罢了。所以说，付出也是另一种形式的获得。它是有能力的人对周围、对社会的最佳回馈，也是索取永远无法比拟的。

|002| 关照别人，就是在关照自己

我们总有需要别人为自己遮风挡雨、消除烦恼、给予慰藉的时候，而我们身边的人同样有这样的需要。人与人就是在相互关照、相互取暖中，美好地生活下去。

一个人看不到他人的需求，他的世界再大也是小的；一个人能够照顾到他人的需求，他的世界再小也是大的。一些人嘲笑另一些人，做着一些对他人有好处却对自己毫无用处的事，这样的“聪明人”自以为聪明，却为他人所不齿；被嘲笑的“蠢人”看似很傻，其实他们才是被他人真心相待的人。他们的爱心在给别人带来温暖的同时，也为自己积累了爱心的回馈。换句话说，给别人行以方便的同时，也方便了自己。

有个商人独自一人走在夜路上，由于没带照明工具，他走得小心翼翼。正当他在心里暗暗抱怨时，突然发现前面一道烛光正一点点地向他靠近。有了烛光的照射，道路清晰起来，

商人走起来也顺畅了一些。等他走近光源时，才发现那提着灯笼的居然是一个盲人。

商人不解地问盲人:“你已经双目失明，烛光对你起不到任何作用，你为什么还要打着灯笼呢? 这样做岂不废油吗?”

听了商人的问话，盲人认真地回答道:“我是看不到路，可是在这么漆黑的夜里，行路的人也都看不到路，说不定他们会撞到我。而我提着灯笼走路，就可以让别人看见我，这样，我不就不容易被撞到了吗?”

故事中的盲人为别人带来方便的同时，也保护了自己。正如印度谚语所说:“帮助你的兄弟划船过河吧！瞧！你自己不也过河了?”人与人就是在这种互相关照中共同前行的。

其实，在我们生活的周围，存在着很多用金钱和智慧都换不来的东西，比如一点点的温暖、一丝丝的真诚和善良。很多时候，这些看似微不足道的付出却比那些有形的东西更能散发出璀璨的光芒，让人心生暖意。一个人的温暖善举让另一个人迷途知返、防止了他的作恶；一个人的真心帮助让另一个人触底重生，让他有能力去造福社会，这不正是关照他人就是给自己关照的最佳写照吗?

一个人生前做了很多善事，在他死后，上帝便派天使把他带到天堂。这个人一直好奇地狱是什么样子，于是请求天使先带他去地狱看看。

天使答应了他的请求。他们来到地狱，只见地狱的餐桌上摆满了各种各样的山珍海味，看上去非常美味。这个人非常惊讶，感叹道："看来地狱的生活也不赖啊，难道那些生前做了坏事的恶人到了地狱就是这种待遇，不会受到什么惩罚？"

天使没有回答，只是笑了笑。

这时，晚餐时间到了，只见地狱中的人们争先恐后地坐到座位上，疯狂地抢桌子上的食物。他们各自都拿着一双很长的筷子，努力地用筷子试图把食物送到嘴里，可是由于筷子实在太长了，无论他们怎么努力都无法把食物送进嘴里。

天使指着那群人说："你看，他们虽然每个人都能得到食物，可是最后却什么也吃不到，你不觉得可惜吗？你再看看天堂是什么样吧。"

随后，天使把人带到了天堂。天堂也摆满了丰盛的食物，夹取食物用的筷子也和地狱那些人用的一样长，不同的是，天堂里的人们不是把食物往自己嘴里送，而是往别人嘴里送，这样一来，自己在喂别人的同时，别人也在喂自己，大家都能吃到美味的食物。

天使这才说道："这就是天堂和地狱的区别，你帮助别人，自己也能得到别人的帮助，就生活在快乐的天堂。但如果你不愿帮助别人，只顾自己，那么你就会生活在地狱里。"

一个人的心胸不能狭小到只容得下自己，一个人的目光也不要短浅到只看得到自己的需求。给予是相互的，生活中，他人有需要我们给予帮助的时候，我们也有需要他人给予帮助的时候，只有大家互相关照，我们的生活才能更加和谐美好。建立"我为人人，人人为我"的观念，培养"关照别人就是在关照自己"的襟怀，你的人生才能越走越宽。

|003| 懂得分享，拓宽生命的维度

锱铢必较只会让自己的路越走越窄，懂得分享才能无限拓宽生命的维度。

快乐与人分享，一份快乐就会变成两份快乐；悲伤与人分享，一份悲伤就会被两个人分担。在生活中，友谊是需要靠分享来维系的。不管是有形的物质，还是无形的情绪，都可以成为分享的内容。当你关闭内心，不愿意与朋友分享你的想法时，你们的感情会因为隔膜而渐渐冷淡；当你锱铢必较，不愿意与朋友分享你的拥有时，你们的关系会因为计较而逐渐破裂。

有一天，甲、乙二人一起走在林荫小路上，边走边说，非常开心。

突然，甲在草丛中发现了一样东西，因为阳光的照射，这个东西闪着耀眼的光芒。甲非常好奇，走过去一看，竟然是

一把新斧头，他一边晃了晃斧头，一边对乙说：“你看，我捡到了什么？”

乙看见斧头非常高兴：“这下好了，我们有一把新斧头了！”

但是甲却说：“不要说‘我们’，是‘我’。”

这时，乙本来兴奋的心情马上变为了不满，甲也感受到了乙情绪的变化，沉默了下来。甲和乙继续向前走，却没有了刚才的谈笑风生。

没过多久，丢了斧子的失主就从他们身后追了过来。甲长叹了一口气：“看来，我们要遇到麻烦了！”

乙听了之后说：“别说‘我们’，是‘你’遇到了麻烦。你刚开始捡到斧头的时候，并没有说是‘我们’捡到的斧头。”

在这个世界上，每个人都不是单一的个体，我们每天会接触各种各样的人，和不同的人合作。想要更好地与人相处，我们首先要学会的就是打开自我、与人分享。当你愿意投之以木瓜，对方才会报之以琼浆。

我们知道，一个人掰断一根筷子是容易的，但如果是10根筷子、100根筷子呢？实际上，一个人的力量是极其有限的，众人的力量则可以无限扩大，而分享就是凝聚力量的方式之一。懂得分享的人会凝聚到更多的力量，而自私自利的人则会失去更多的信任和支持。

孙强是一家公司业务部门的主管，他每次看到同事时总是板着脸，像是石膏像一样面无表情，显得非常严肃。员工们看到孙强也是避而远之，不是不想，而是不敢向他靠近。孙强给员工布置任务的时候，员工没有任何问题就接受了，但是结果却往往大有出入。

刚开始的时候，孙强觉得摆出一副冷峻的表情更能向员工展现自己的威信，但是时间一长，孙强发现，自己的刻板损害的不仅是员工的利益，更是公司发展的长远利益。于是，孙强决定及时调整自己，把自己的工作经验与员工分享，共同促进、共同发展。

这样一来，员工不再害怕孙强的冷脸，有了问题会及时与他沟通。公司内部更加团结，拧成了一股绳。公司上下一心，其力自然就能“断金”了。

中国有句话叫“众人拾柴火焰高”，这说的不单单是团结的力量，换一种角度看，这更是分享的力量。如果我们都分享出自己的光明，不仅能照亮自己，更能照亮别人，也会一起照亮团队发展的美好前景。所以，厚道的人不会吝惜自己的经验，也不会吝惜取得的成果，他们知道，自己能够取得今天的成绩离不开众人的支持，分享会让成功一直持续下去。

|004| 手心向上，展现你的真诚

真诚是可以培养的，首先可以从肢体动作上塑造。当我们和别人交谈时，有意识地将手心向上，这时就会在潜意识里提醒自己必须说真话，而且对别人要友善。

心理学家指出，要想达到人与人之间和谐共处、合作共赢的状态，双方在交往中坦诚地沟通和真诚地对待是必不可少的条件。

的确，真诚是人与人交往的根本，只有和他人真诚交往，你才能收获真正的朋友。而想要获得对方的真诚对待，你必须先展现出诚意。在日语中有一个短语，直译过来就是“让对方看手心”，意思是坦白所有的秘密，让对方看到你的善意和真心。

一位社交礼仪顾问曾经遇到过这样一个女孩，她在一家网络公司工作，工作能力在公司中处于中上水平，但是她总觉

得自己还有很大的提高空间，而行为就是其中一项。于是，她找到了这位著名的社交礼仪顾问来纠正自己的行为动作，纠正的方法就是通过和社交礼仪顾问的几次交谈，让社交礼仪顾问逐一指出她的问题。

社交礼仪顾问在与她进行第一段交谈之后就指出，这个女孩在交谈时不够真诚，明显表现出焦虑。其表现就是她一直将双手紧握，或者十指交叉握在一起。这个女孩赞叹礼仪顾问超人的观察能力，因为怕自己表现不好，她在平时与人交谈时多少会有一些焦虑情绪，如此便养成了紧握双手的习惯。

礼仪顾问告诉女孩，当你讲话时将手心朝上，你就会变得坦诚起来。果然，当她将手心朝上与人交谈时，她就变得坦诚起来，这样在和别人交流时也更加积极高效。

曾经有个社会心理学教授做过一个实验，他让学生们互相访谈，在访谈过程中要求一半学生将手放在桌子下面，而另一半学生将手放在明显的地方，而且手心向上。结果访谈结束后专家发现，将手放在桌子下面的学生给人的印象多是戒备心强、说话有伪装；而另一半将手放在桌子上且手心向上的学生则被认为真诚大方，说的话也具有较强的可信度。

从心理学角度讲，手心向上一般表示和善、顺从之意。

手心向上，表示动作者十分真诚地亮出自己的内心，这会让对方产生这样的感受：你对我是坦诚的。

我们在与他人交往的过程中，不妨将手心向上，先表达出你的真诚。因为我们能否被他人真诚相待，很大程度上取决于我们的真诚态度。真诚待人才能换来别人的真诚。这就像物理学上的作用力和反作用力的关系，它们总是同时出现，相互作用、相互影响。当你坦诚地对待他人时，他人也会对你坦诚；如果你处处为他人设想，对方必然也会懂得做点儿什么来回报你。切记，只有对他人真诚才能换来他人的善意。

|005| 用一颗感恩的心面对生活

你要始终记得自己生命中的拥有和他人对你的给予，以一颗感恩的心去看待他们，你的生活才能因为感恩而变得美好。

传说，在古希腊有一座神奇的天平可以称出人心的重量，重量轻的人就可以上天堂。按照其评判标准，人类的各种情感和生活中的各种牵绊，每增加一种就会使人心的重量加重一些。唯有一种情感例外，它不但不会加重重量，反而会使重量减轻，这种情感就是感恩。

说起感恩，或许很多人认为这是老生常谈，但它确实是一种值得反复提及的珍贵的心态。一个人只有懂得了感恩，才能从琐碎的生活中发现美好，从艰难的困境中看到希望。

有一座小城因为战争和天灾爆发了饥荒。因为饥饿，很多穷人家的孩子不得不在外流窜、寻找食物。

一个心地善良的面包师很同情这些可怜的孩子们，便经常做面包免费发放给那些挨饿的孩子们吃。他对孩子们说："这些面包，你们每人可以拿一个，在上帝降福之前，你们每天都可以来我这里领面包。"孩子们看见有免费的、香喷喷的面包便蜂拥而上，争先恐后地去争抢最大的面包。不一会儿，篮子里的面包几乎被抢空，只剩下一个小小的面包可怜地躺在篮子里。

等孩子们拿着面包高兴地散去后，一个小女孩走过来拿起了那个最小的面包，并亲吻了面包师的手，表示了深深的感谢之后才拿着面包离开。此时面包师才注意到，刚才孩子们在抢面包的时候，这个小女孩并没有和他们一起，而是谦让地站在一旁，等大家都挑完之后，她才上前去拿走了最小的面包，而且她是唯一一个向面包师表示感谢的孩子。

第二天，面包师依旧做了一篮子面包放到孩子们的面前，孩子们也和昨天一样拿了面包便散开了，那个小女孩依旧是最后一个去拿，可怜的小女孩拿到的面包比昨天的还小，尽管如此，她还是非常感激面包师的给予。

小女孩把面包拿回了家，她的妈妈把面包切开，发现面包里竟然有几枚闪光的银币，妈妈立马对小女孩说："玛丽，立即把这些银币送还给面包师，这肯定是他做面包时不小心掉进去的。”小女孩听到妈妈的吩咐，立即拿起那些银币跑到了面包店。面包师没有收回那些银币，而是微笑着对她说：“亲爱的孩子，这些银币不是我不小心掉进去的，而是我给你的奖励，因为你有一颗感恩的心。把这些钱拿回去吧，它们已经属于你了。”

正如我们在故事中看到的，一颗感恩的心永远配得上生活给予它的美好回馈。

英国作家萨克雷说过：“生活就是一面镜子，你笑，它也笑；你哭，它也哭。”这句话放在感恩上也同样适用。如果你对生活总是抱着消极的、不满足的心态，那么生活呈现在你面前的也必然是黯然无光；但如果你能够抱着一颗感恩的心来对待生活，那么生活也会还你一片灿烂。

物理学家霍金几乎全身瘫痪。因为疾病，他被永久地困在了轮椅上，全身上下唯一能动的就只有3根手指。一名记者曾经这样问他：“霍金先生，卢伽雷病已经把你永久固定在了轮椅上，你不认为命运对你太不公平，让你失去了很多出路吗？”

霍金艰难地露出微笑，用他那唯一会动的3根手指在键盘上艰难地敲出了这样一段文字——我的手指还能活动，我的大脑还能思考，我有终身追求的理想，我有爱我和我爱着的亲人与朋友，对了，我还有一颗感恩的心。

看完这段话，我们应该可以理解为什么霍金面对自己糟糕的身体还能面露微笑，还能以无比坚强的意志为科学事业做出伟大的成就和贡献了。命运虽然让他失去了健康的身体，但是他仍然感谢自己还有 3 根手指会动，有大脑可以思考，有亲人和朋友帮助他，为他提供精神的陪伴和物质的支持。毫无疑问，感恩为他的坚毅提供了力量。

我们应该懂得，不管命运给了我们什么样的安排，只要我们还活在这个世界上，哪怕一无所有，我们至少可以呼吸到早晨清新的空气，这本身就是一件值得加倍感恩的事。所以，别再轻易地抱怨生活，别再把他人对我们的给予视为理所当然，学着用感恩的心面对生活，你所期盼的幸运就会慢慢地出现在你的身边。